TRAITÉ

DE

L'ACTION RÉGULATRICE ET VIVIFIANTE

DU

FLUIDE ÉLECTRIQUE OU MAGNÉTIQUE

DANS L'ÉCONOMIE ANIMALE.

PAR

WANNER, DE BY,

DOCTEUR-MÉDECIN DE LA FACULTÉ DE PARIS.

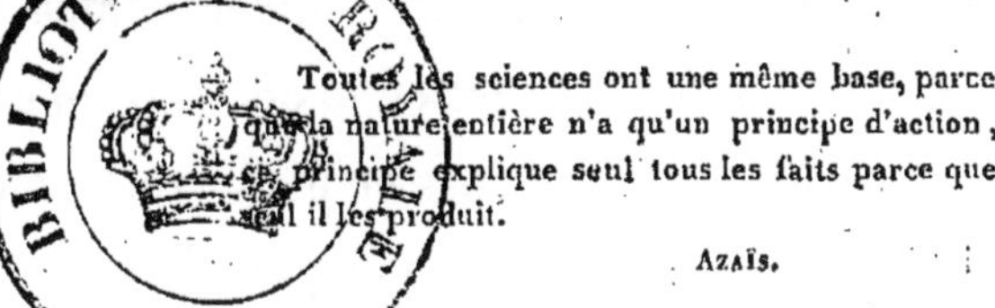

Toutes les sciences ont une même base, parce que la nature entière n'a qu'un principe d'action, ce principe explique seul tous les faits parce que seul il les produit.

AZAÏS.

PARIS.

GERMER BAILLIÈRE, LIBRAIRE,

ET CHEZ L'AUTEUR, PLACE SAINTE-OPPORTUNE, 2.

1839

En 1837, je publiai une brochure intitulée : *Aperçu d'une nouvelle doctrine médicale, d'après les phénomènes chimiques et physiques de la vie;* comme dans ce mémoire je n'avais fait que poser les bases des phénomènes de la vie, sans donner aucune expérience à l'appui de ce que j'avançais, l'auteur d'un article biographique, inséré dans la *Gazette médicale* de janvier de cette année, s'exprimait ainsi sur cet ouvrage : « S'il suffisait, pour établir une doctrine, que les divers compartimens se trouvassent d'un rapport exact, la doctrine qu'expose M. Wanner, de By, pourrait passer pour vraie ; mais pour qu'une doctrine soit douée de quelque vitalité, elle doit offrir d'autres conditions, et ne reposer que sur des faits incontestables. » Ce sont donc ces faits que je présente aujourd'hui dans ce nouveau travail.

Paris. — Imprimerie de Baudouin, 2, r. Mignon.

INTRODUCTION.

L'instinct le plus puissant chez l'homme est certaine-
ment l'instinct de sa conservation , et , quoique certains
philosophes aient sanctifié la résignation à la souffrance ,
on doit reconnaître que le créateur a mis au cœur de
l'homme le désir du bien-être, et surtout une crainte pro-
fonde de la douleur. C'est à l'état social de guérir ou de
pallier au moins les souffrances morales ; à la médecine
appartient d'apporter remèdes et guérison aux souffrances
physiques.

Le besoin de guérir les maladies étant né , pour ainsi
dire , au moment de l'avénement de l'homme sur le globe,
et ce besoin, étant un de ceux qu'il lui importait de
satisfaire dans l'intérêt de son bien-être et de sa plus
longue conservation , on a lieu de s'étonner que l'humanité soit arrivée jusqu'à sa période actuelle, n'ayant encore à opposer à ses maladies et à ses souffrances que des
moyens incomplets, souvent impuissans , prônés et mis en
œuvres par quelques-uns , rejetés et déclarés mauvais par
certains autres qui apportent et soutiennent des moyens
et des systèmes non seulement différens , mais encore contraires ; de ces faits incontestables , puisque la preuve en
est sans cesse sous nos yeux, puisque les hommes les plus
distingués et de bonne foi, en sont souvent réduits à avouer
et à déplorer l'impuissance de leurs moyens ; il faut au
moins conclure que la médecine est encore dépourvue de
bases solides sur lesquelles on puisse s'appuyer, qu'enfin
elle est encore aujourd'hui à l'état d'art conjectural.

Pour mettre un terme à cet état fâcheux de doute et
d'impuissance, il faut donc que l'humanité continue ses
recherches avec persévérance , qu'elle étudie jusqu'à ce
qu'elle soit parvenue à créer un système tel qu'il satis-

fasse à toutes les exigences des maladies humaines, tel qu'il soit accepté par tous, comme étant le seul mathématiquement vrai. Ce but, dans l'état d'anarchie où est placée la médecine, paraît impossible à réaliser. Mais l'esprit humain doit-il s'arrêter devant les apparences de l'impossibité, et se résigner à souffrir, lorsque déjà il a résolu tant de problèmes qui paraissaient également insolubles, et qui sont tombés dans le domaine des connaissances usuelles, aussitôt que leur loi ou leur formule aurait été trouvée? Non, l'homme ne doit pas s'arrêter tant qu'il lui reste une souffrance à faire disparaître, un bien-être à acquérir; il doit persévérer dans ses travaux et chercher jusqu'à ce qu'il l'ait trouvée la loi ou la formule qui doit placer la médecine au rang des sciences.

Cette loi ou cette formule est d'autant plus facile à rechercher aujourd'hui, que des moyens puissans et positifs d'analyse ont été créés. La chimie permet de constater et de connaître les principes qui entrent dans la composition des parties matérielles, tant solides que fluides qui constituent le corps humain; l'anatomie par les diverses branches qui la composent, donne la forme, la structure et le caractère physique des divers organes qui entrent dans la constitution matérielle de l'homme, et indique les différentes lésions dont ils peuvent être affectés; puis vient ensuite la physiologie, ayant pour but de rechercher les mystères de la vie, d'expliquer les fonctions de tous les organes, en d'autres termes, leur mise en action.

Ainsi les moyens d'analyse ne font donc pas défaut; les documens de toute espèce abondent; et les systèmes produits depuis plusieurs siècles sont à la disposition de celui qui veut se vouer à la recherche de cette loi convenant à toutes les exigences que doit satisfaire la science de guérir : il ne lui faut plus que s'armer de patience, et, à l'aide des méthodes analytiques et synthétiques il trouvera cette loi qui tend à ajouter au bonheur de l'humanité.

L'analyse doit avoir pour but la connaissance *à priori*

de la loi qui régit la partie matérielle de l'organisation de l'homme ; elle doit comprendre l'examen scrupuleux de toutes les parties même les plus tenues, qui se rattachent à cette organisation et produire la raison de leur existence et du jeu qu'elles exercent dans l'œuvre totale de la vie en vertu de la loi générale; et, en effet, toutes les parties agissant par la même loi, doivent prouver par leur existence et par leur action cette loi qui les régit ; et si les parties se refusaient à accepter la loi posée même dans quelques-unes de ses conditions, il deviendrait évident que la loi est faussée, en d'autres termes, qu'elle n'est plus loi, et qu'il faut nécessairement aller à la recherche d'une autre formule.

D'après le but auquel doit tendre l'analyse, on conçoit que, pour qu'elle soit complète, il faille étudier la constitution humaine sous toutes ses faces, prendre dans l'histoire naturelle de l'homme tout ce qui vient expliquer les différentes phases de son existence : on conçoit aussi qu'on doive appeler à son aide l'anatomie, la physiologie, la chimie et la physique, et qu'enfin on se reporte aux documens de toute nature qui ont été légués à l'humanité par les savans de toutes les époques et de tous les pays.

On doit étudier la constitution de l'homme sous ses divers aspects et dans toutes ses phases, parce que, réparti sous tous les points du globe, il vit sous des climats, sous des températures qui varient à l'infini, et que le milieu atmosphérique dans lequel il réside n'est pas sans influence sur le développement de sa constitution, comme sur l'appréciation des maladies qui viennent l'atteindre ; parce que, dans le seul développement de son organisation il présente à l'analyse des caractères très différens, et dont il doit être tenu compte lorsqu'il s'agit, soit d'hygiène, soit de thérapeutique, lorsqu'en un mot, il s'agit de maintenir ou de défendre sa santé L'étude analytique de la constitution humaine devra donc être faite au point de vue général et au point de vue particulier du développement de son organisation, et encore faudra-t-il diviser cette dernière partie en deux sections, pour signaler les différences notables d'affections qui existent entre les deux sexes ; ce n'est évidemment qu'en mettant à découvert toutes les conditions auxquelles devra satisfaire la formule qu'on entend poser comme générale, qu'il sera possible plus tard de reconnaître, si elle fait défaut à la moindre des exigences de l'une seulement des conditions.

On doit appeler à son aide l'anatomie, la physiologie. la chimie et la physique ; et, en effet, l'organisation humaine étant composée d'abord de parties matérielles ayant des caractères variés, et se liant plus ou moins intimement entre elles, il faut nécessairement étudier ces diverses parties sous le rapport statique, c'est-à-dire, constater leur forme, leur structure et leur caractère physique ; puis ensuite les examiner sous le rapport dynamique, c'est-à-dire, constater leurs fonctions : on comprendra qu'il s'agit d'abord de l'étude anatomique, puis de l'étude physiologique.

Pour la partie anatomique, on observera la division qui en est faite en deux branches depuis longtemps par la science ; l'anatomie spéciale étudiant en particulier chaque partie jouissant d'une action propre, chaque organe auquel une fonction est dévolue, décrivant les propriétés physiques extérieures de ces parties et de ces organes, leur situation, leur forme, leurs rapports et leur organisation ; puis l'anatomie générale comprenant l'examen et la description des tissus primitifs et des élémens organiques sous le rapport matériel, le tout, d'après un point de vue d'ensemble. Il en résulte qu'il suffira de puiser dans les ouvrages sur ces matières, tout ce qu'ils contiennent de constatation exacte sur l'organisation matérielle de l'homme, pour ensuite parvenir, de ce nouveau point de départ à de nouveaux points d'analyse. Pour la partie physiologique on procédera également, dans l'étude de cette science, par l'analyse des ouvrages écrits sur cette matière et qui ont pour but, ainsi qu'il résulte de leur titre, de rechercher les mystères de la vie.

L'examen de ces deux moyens fournis par l'état des connaissances actuelles est indispensable, et on le comprend facilement dans un travail dont le but est de faire connaître le principe régulateur qui fait mouvoir toutes ces parties matérielles, toute cette charpente humaine, tous ces organes dont la puissance est si différente dans chaque individu; principe qui doit donner la raison des lésions de tous les tissus et faciliter la production des moyens exacts de constater et de prévenir ou de guérir ces lésions et les accidens qui en résultent. Mais on le comprend également, une connaissance parfaite de ces premiers moyens ne permet pas de parvenir à pénétrer la loi des divers phénomènes de l'économie vivante, bien que les différentes lésions des organes aient été savamment et consciencieusement étudiées, et bien qu'on ait présenté sur chaque point de la science des chef-d'œuvres d'étude et de patience, on n'en est point encore arrivé à connaître la loi qui entretient unitairement le mécanisme des fonctions animales, qui lie et fait mouvoir toutes ces parties matérielles; et à laquelle on puisse demander avec certitude la cause de ces lésions qui ne doivent être, en définitif occasionnées que par des écarts faits à cette même loi, dans l'état d'ignorance où se trouve encore placée l'humanité relativement aux conditions essentielles qui en découlent.

Ces premiers moyens, tant utiles qu'ils sont, ne doivent être considérés que comme préliminaires, et il faut nécessairement les faire suivre de tous autres qui permettent d'aller au-delà de leur constatation déjà faite; la chimie et la physique viennent ici comme moyens complémentaires de toute analyse dans le but auquel tend cet ouvrage.

Lorsque Fourcroy écrivait que les efforts de la chimie changeraient un jour les connaissances en médecine, et qu'ils produiraient une révolution heureuse dans l'art de guérir, il émettait une prévision juste, et que les diverses applications fragmentaires de la chimie à la médecine ont déjà prouvée exacte; ce qu'il a dit de la chimie pourrait être dit avec autant de justice de la physique, et, pour produire une idée complète, on peut avancer avec raison que, la chimie et la physique ont déjà, sous le rapport spécial de leur application à la médecine, rendu de grands services à l'humanité, et que ces deux sciences, continuant la révolution qu'elles ont introduite dans la médecine, doivent bientôt, de ce qui n'a été qu'un art conjectural, faire produire une science exacte, en facilitant à l'intelligence humaine la découverte de la formule qui doit régir cette science nouvelle.

Les principes matériels qui composent le corps de l'homme subissent nécessairement les lois qui régissent la matière, et pour connaître et constater la nature de ces principes, on ne peut avoir recours qu'à la chimie, qui permet d'analyser par la décomposition ces mêmes principes, et à la physique, pour expliquer l'action des diverses forces mises en mouvement, ce qui doit faire du résultat de l'analyse et de la synthèse une constatation mathématiquement exacte. La nature de ces divers principes, et la cause de leur cohésion, de leurs rapports, des changemens intimes et continuels qu'ils éprouvent dans chaque fonction, également constatées, il sera facile alors d'apprécier quelle est la force motrice, ou plutôt quel est le principe régulateur et unitaire qui anime ce chef-d'œuvre de création et active chacun de ses organes. Avec la chimie on est déjà parvenu en partie à connaître les différens principes qui entrent dans la composition du corps humain : à l'aide de la chimie et de la physique, on obtiendra la découverte de la cause des modifications que subissent ces différens principes; on constatera que la vie n'est entretenue que par l'harmonie constante des phénomènes physiques et chimiques qui ne cessent de se passer dans le corps des animaux ; que les lésions organiques sont dues à l'augmentation de ces phénomènes, et que la mort peut avoir lieu par leur accélération ou par leur trop grand ralentissement. Quand on aura constaté les causes des lésions et

des maladies qui entraînent la mort ou seulement des souffrances, il deviendra facile de créer les moyens de les prévenir ou de les guérir. La chimie et la physique viendront
encore aider à la découverte des moyens ou remèdes à opposer aux différentes maladies.

Ainsi, on le voit, le but de ce travail est de prouver
que la vie réside dans la seule nature matérielle de l'organisation humaine, et qu'elle n'a lieu que par les combinaisons moléculaires des différens principes qui se passent dans chaque organe; (ce qui peut appuyer cette
opinion que la vie réside dans la matière, c'est qu'à l'aide
de moyens mécaniques sur un corps animé nous pouvons
suspendre ou même arrêter en lui le mouvement vital)
que ces combinaisons étant sous l'influence continuelle
d'une tension électrique, et se renouvelant sans cesse,
développent la quantité de fluide nécessaire pour soutenir
le jeu de l'admirable machine humaine.

Les phénomènes de la vie n'existent donc qu'en vertu
des lois que le grand organisateur a attribué à la matière,
et à la manière dont ces principes matériels sont mis en
rapport ; aussi celui qui veut se vouer à l'étude de l'homme, doit-il rechercher et examiner avec une scrupuleuse
attention les changemens et les métamorphoses que subit
la matière dans chaque organe. Sans doute que l'intelligence humaine s'exercera vainement à connaître la première cause de la vie, mais une fois la première impulsion de cette vie établie par le créateur, pourquoi ne
pourrait-elle pas pénétrer et connaître les ressorts par lesquels les principes matériels qui constituent le corps sont
mis en mouvement, se décomposent et se combinent ? car
la manière dont le corps éprouve des pertes, et celle dont
il les répare, prouve que l'action de la vie ne se soutient
que par un échange de matière dans lequel le corps n'é-
prouve de déperditions, que parce qu'il a fait des acqui-
sitions équivalentes. Ces changemens matériels dans cette
nature organisée ne peuvent nécessairement avoir lieu

que par synthèse et par analyse, enfin que par un acte électro-chimique.

Ce n'est que par un acte électro-chimique que l'on peut parvenir à expliquer la mise en action des organes de la machine humaine ; mais se rendre compte mathématiquement des actes chimiques qui se passent sans cesse dans l'économie serait certes très difficile ; ainsi on connaît les actes chimiques de la respiration, ceux de la digestion sont plus obscurs, et ceux qui ont lieu dans l'assimilation des principes du sang artériel avec les principes des différens tissus le sont entièrement ; mais comme nous connaissons la composition chimique du sang et celle des différens tissus, on peut approximativement, par les lois immuables de la chimie et de la physique, apprécier tous les phénomènes de l'économie vivante et voir que chaque action n'a lieu qu'en vertu d'un acte chimique, et que de cet acte chimique résulte un acte électrique, acte qui suffit seul, comme on pourra s'en convaincre dans le cours de cet ouvrage, pour expliquer en vertu de quelle loi le mécanisme de la vie peut avoir lieu.

Ainsi voilà établie sur des bases positives la loi qui peut embrasser tous les faits de la science de l'homme, sur l'acte électro-chimique.

C'est donc cet acte, ou plutôt la loi qui préside à cet acte, qui doit nous faire pénétrer dans les secrets de l'économie vivante, expliquer la mise en action des organes de la machine humaine, faire justice de cette divergence d'opinions et de cette multitude de systèmes capables plutôt de perpétuer l'erreur et d'y entraîner que de soulever le voile épais qui, jusqu'à ce jour, a recouvert la science de l'homme.

Ce travail ne contiendra qu'une analyse consciencieuse dans le but de prouver la vérité de la loi posée par les résultats de cette analyse, et vérifiée ensuite par la méthode synthétique ; nous n'admettrons des moyens connus que ceux qui pourront être rattachés et rester à la science comme convenant à sa loi ; nous réjetterons ceux qui feront écart constaté ; aussi par] la physique et la chimie sera-t-il facile de réduire à l'unité tous les faits contradictoires, de faire un nouveau tout, de cette multitude de détails mis au jour depuis les temps les plus reculés jusqu'à notre époque, et de parvenir enfin à remplir les lacunes qui existent dans la science qui a rapport à l'homme.

Quant aux systèmes et théories produits jusqu'à ce jour, l'humanité doit les respecter, comme autant d'efforts faits pour alléger les souffrances; et tout homme d'étude, en les analysant, ne doit pas perdre de vue que ces travaux sont les premiers pas faits vers la science, et qu'une science, comme tout dans l'univers, a son enfance, période de doutes et de difficultés.

Avant de clore cette introduction, il est nécessaire de rassurer quelques esprits qui pourraient mal juger du but auquel tend cet ouvrage, dont les indications générales viennent d'être présentées; ils pourraient s'effrayer de voir qu'un homme ose entreprendre de pénétrer les secrets de la création, considérer comme sacrilége une semblable tentative ; qu'ils se tranquillisent et qu'ils comprennent mieux la grandeur de la divinité. L'intelligence étant un don de l'Éternel, tous les produits de cette intelligence sont légitimes par leur origine et par leur but; ils sont légitimes parce que le créateur, en dotant l'homme de cette belle faculté, a voulu qu'il l'exerçât pour l'accroissement de son bien-être et de celui de ses semblables. Si sa volonté eût été que l'homme ne pût rien savoir, ou ne pût connaître que certaines parties des arts et des sciences, il ne lui eût donné qu'une intelligence étroite et relative; enfin si cette faculté a des limites dans son exercice, ces limites ont été posées par le grand organisateur, et sont telles que l'intelligence ne les dépassera jamais quelque soient ses efforts. Toutes les connaissances que l'homme peut acquérir, il peut non seulement, mais il doit, pour rendre hommage au grand être, employer toutes ses forces à les rechercher et à les conquérir : l'opinion contraire serait sacrilége car elle amènerait à soutenir en principe que Dieu est jaloux de sa créature, et qu'il a été inintelligent dans l'œuvre de la création, en donnant à l'homme une faculté dont il pouvait abuser contre son auteur. Nous sommes loin cependant aujourd'hui, du temps du paganisme et de ses divinités mystérieuses, et pourtant il est encore des esprits imbus d'idées superstitieuses qu'on doit faire remonter à plusieurs siècles pour les comprendre. Le but de cet ouvrage n'est pas un acte d'athéisme, et loin de là, en analysant les œuvres de l'architecte qui a créé le monde, pour y découvrir la loi d'action sur laquelle pivote tout le système de la vitalité, en démontrant avec quelle précision, avec quelle justesse les divers élémens de l'organisation humaine obéissent à cette loi, son but est d'augmenter le bien-être de l'humanité et d'ajouter une raison de plus à toutes celles qui nous forcent à rendre hommage à l'être suprême et à admirer ses œuvres sublimes.

DE L'HOMME.

Faire l'histoire complète de l'homme, le saisir et l'expliquer dans toutes les circonstances, dans tous les faits et dans tous les détails de sa vie animale et intellectuelle, ce serait une œuvre immense, exigeant le cadre d'un grand ouvrage ; mais en n'examinant l'homme qu'au point de vue physiologique, le seul qui soit quant à présent utile au but que se propose ce travail, et surtout en ne traitant ce sujet qu'analytiquement, l'œuvre se restreint et le cadre d'un seul chapitre est suffisant.

L'espèce humaine est répandue sur toute la surface du globe à l'exception seulement des pôles, où l'extrême rigueur du froid ne permet pas à l'homme de fonder d'établissement à vie.

Les climatures du globe, on le sait, varient à l'infini, et quoique les conditions de vitalité soient différentes sous chacune d'elles, l'homme s'y développe dans une proportion toujours ascendante, il apprend instinctivement à satisfaire aux conditions de la climature sous laquelle il vit, et finit par lui assimiler son organisation à un tel point qu'il souffrirait d'un changement dont les conditions eussent cependant originairement été plus favorables à sa vitalité.

De ce fait que l'homme s'est acclimaté sous toutes les températures bien qu'elles soient variées à l'infini, il faut nécessairement conclure que les principes alimentant sa vitalité se rencontrent sous chacune de ces températures, et que si ces principes subissent des modifications, elles ne sont pas en définitif de tello nature que l'organisation de l'homme ne puisse les supporter ou les combattre. Les diverses climatures ont elles-mêmes leurs variations particulières du froid à la chaleur, de la sécheresse à l'humidité; si l'organisation de l'homme supporte ces modifications de climatures et leurs variations, il faut reconnaître qu'elles ont une action diverse sur sa vitalité, et que généralement les variations brusques d'une climature à une autre, du froid à la chaleur, de la sécheresse à l'humidité, ont souvent des effets pernicieux à sa santé.

Enfin si le milieu atmosphérique dans lequel vit l'homme sur tout le globe contient partout les mêmes principes, lesquels ne sont modifiés que dans les combinaisons qui ne sont jamais absolument contraires à son organisation, il faut nécessairement tenir compte de ces principes qui servent évidemment à l'alimentation de cette organisation, et en analysant leurs modifications et variations importantes, voir s'il n'y aurait pas possibilité d'abord de les améliorer, et examiner surtout quel parti la science peut en obtenir.

L'air atmosphérique dans ses combinaisons a été analysé sur toutes les parties du globe : nous examinerons dans un chapitre particulier ses diverses influences, et nous constaterons leurs causes et leurs effets.

On le comprend du reste : le milieu atmosphérique dans lequel l'homme s'agite n'est pas plus sans influence sur son organisation physique que le milieu social auquel il est rattaché n'est sans action sur ses habitudes morales.

Quant à l'homme pris isolément, sa charpente, son organisation sont les mêmes sur tout le globe, à part quelques légères nuances qui seront indiquées.

Le caractère le plus distinctif de l'homme est la situation verticale de son corps sur le sol : de bout sur ses pieds, il porte sa tête élevée, et peut embrasser de ses regards un vaste horizon ; la manière dont sa tête est située horizontalement sur le tronc, le défaut d'obliquité postérieure de son bassin, le développement de ses énormes fessiers et des muscles qui forment ses mollets, sa tête n'exécutant aucune fonction mécanique, la mobilité remarquable de ses bras, l'adresse dont ses mains sont susceptibles prouvent (comme chaque chose dans la nature doit être considérée selon sa fin) que le créateur l'a nécessairement destiné à être bipède. Le défaut d'armes offensives et défensives le force de se construire des abris et de s'approcher de ses semblables pour se défendre : par la délicatesse de sa peau il est doué d'une finesse de tact particulière; habitant le monde entier et par conséquent exposé aux différens degrés de température, il est obligé de se vêtir selon les différens climats, et forcé de se contenter des moyens d'alimentation produits par la contrée qu'il habite; il est omnivore.

La grande famille humaine se distingue par les divers pays habités, ou plutôt par les différences de couleur de la peau des habitans de ces pays. La peau est très blanche dans les pays froids et humides, tandis qu'elle est noire dans les régions équinoxiales : ce qui semble démontrer que les principales races ne doivent provenir que de l'union constante et successive d'êtres soumis aux mêmes températures.

La grande taille des hommes est depuis cinq pieds cinq pouces jusqu'à cinq pieds huit pouces ; la petite taille est celle qui n'atteint que cinq pieds, les pays froids sont en général ceux où le corps se développe avec le plus d'avantage ; mais cette température a des bornes au-delà desquelles elle produit un effet contraire. Cette petite taille tiendrait-elle à ce que le sang artériel a besoin de parcourir rapidement l'organisme entier pour entretenir activement les phénomènes de l'assimilation afin de lutter contre l'action réfrigérente du climat et à ce que l'alimentation puisse réparer plus facilement les principes du sang perdu pendant l'assimilation ? Aussi, comme sous l'influence du froid la vitesse de la circulation artérielle et veineuse est augmentée, la poitrine du Lapon et du Samoïede est-elle très large et très développée ; le corps est encore de petite taille dans les climats chauds, cela tient sans doute à ce que l'alimentation est très végétale, et que l'air respiré est raréfié. L'habitant du midi n'ayant pas besoin de résister à l'action du froid sa circulation est plus lente et sa poitrine a moins de largeur et de développement que chez l'habitant du nord.

La vie de l'homme sur le globe est divisée en trois époques principales : 1° l'époque d'accroissement qui se subdivise elle-même en trois périodes : l'enfance, la puberté et l'adolescence ; 2° l'apogée ou l'âge viril, qui tient le milieu de la vie ; 3° l'époque de décroissement, qu'on divise en deux périodes, la vieillesse et la décrépitude.

La première enfance est partagée en trois époques et se prolonge jusqu'à sept ans : la première de ces époques est depuis le moment où l'enfant voit le jour, jusqu'à l'apparition des premières dents ; la seconde commence avec la dentition et dure jusqu'à deux ans ou deux ans et demi ; l'enfant qui n'a pu encore digérer que du lait peut alors user d'une nourriture nouvelle, et reconnaître tout ce qui l'entoure : depuis ce moment jusqu'à la fin de la première enfance, les os continuent à se solidifier, et l'enfant se sert avec plus d'avantage de ses organes des sens.

La seconde enfance, dont l'approche est caractérisée par la chute des premières dents et par l'éruption de celles qui doivent servir pendant le reste de la vie, et qui sont alors au nombre de vingt-quatre, se prolonge jusqu'aux signes précurseurs de la puberté : durant cette époque les organes de la digestion s'habituent à une nourriture plus forte et plus variée, les forces musculaires commencent à se développer.

Jusqu'à ce moment on ne peut guère établir de différence entre les deux sexes, à moins que l'on ait égard à la différence des parties naturelles. De douze à quatorze ans quatre dents viennent encore garnir la mâchoire. A mesure que l'enfant s'approche de la puberté, chaque sexe prend bientôt les traits et le caractère qui annoncent sa destination ; les membres du jeune garçon perdent cette mollesse et ces formes douces qui lui étaient communes avec ceux de la jeune fille ; le tissu muqueux remplissant les interstices musculaires disparaît ; aussi les muscles sont-ils plus saillans et plus prononcés. La teinte rembrunie de son visage, la barbe commençant à orner sa figure, sa voix devenue grave et plus forte, annoncent qu'il va bientôt atteindre l'adolescence. La jeune fille parvient à cette période un an ou deux avant l'homme et ressent à cette époque une pesanteur dans les lombes ainsi qu'un engourdissement général ; ses seins commencent à se développer et sont parfois douloureux ; toutes les parties qui constituent son sexe se forment et acquièrent une vive sensibilité, enfin le sang y afflue et y détermine une pléthore particulière qui se dégage chaque mois, quoiqu'avec difficulté d'abord, pour se montrer régulièrement par la suite.

L'adolescence succède à la puberté et dure jusqu'à vingt-cinq ans pour les hommes, et chez les femmes elle commence et se termine quelques années plutôt : c'est à cette époque que les quatre dernières dents molaires, appelées aussi dents de sagesse, se font jour et complètent la dentition. Cette période est annoncée chez l'homme par la mâle rudesse de ses traits, par la vigueur, le nombre et l'activité de ses sens.

Lorsque la femme a atteint cette époque, toutes ses formes extérieures changent et se dessinent, ses hanches deviennent écartées et saillantes, ses seins s'arrondissent et s'élèvent, sa poitrine est plus large, sa taille plus svelte, ses yeux ont plus d'expression et d'éclat qu'aux époques précédentes, sa peau conserve la même nuance rosée que dans l'enfance, et le timbre de sa voix a quelque chose de suave et de voluptueux.

La nature, en se montrant si prodigue aux deux sexes à cette époque de la vie, n'a-t-elle pas eu pour but de placer dans leur rapprochement une source de volupté, et de mettre le comble à leur bonheur, en procréant un être semblable à eux ?

La grossesse de la femme peut être divisée en deux parties distinctes : la première comprend les quatre mois qui suivent la conception, et l'autre le moment où les mouvemens du fœtus sont sensibles jusqu'à l'accouchement ; pendant la grossesse l'écoulement menstruel est suspendu, il en est de même pendant l'allaitement malgré d'assez nombreuses exceptions.

L'âge viril commence à vingt-cinq ans, et se termine de cinquante à soixante. Le corps, qui depuis la vingtième année a cessé de croître en hauteur, augmente jusqu'à quarante-cinq ans dans toutes ses dimensions. Après cet âge, loin de s'accroître, il dépérit ; le décroissement suit la même marche que l'accroissement ; la femme cesse d'être réglée depuis quarante ans jusqu'à cinquante, quelquefois plus tôt, rarement plus tard ; alors elle devient maigre ou acquiert un embonpoint considérable ; sa voix change et prend un timbre plus élevé , sa constitution se rapproche de celle de l'homme.

Parvenu à la vieillesse, le tissu cellulaire s'affaisse ; la peau se ride, principalement celle du front et du visage ; les cheveux et les autres poils grisonnent , puis blanchissent ; les organes languissent ; la sensibilité s'émousse ; les digestions se font mal ; l'assimilation est imparfaite ; la circulation devient lente ; les os se durcissent et les cartilages s'ossifient ; les fonctions se faisant mal, les organes réparent de même ; les forces physiques et morales s'affaiblissent ; le jugement devient faux ; les cheveux et les dents tombent ; la chaleur du corps diminue ; les muscles se ramollissent, etc. Dans cet état, l'homme parvenu à la caducité dort presque toujours et ne se réveille que pour satisfaire ses principaux besoins : enfin les organes ne pouvant plus remplir leurs fonctions, les phénomènes par lesquels a commencé la vie sont aussi ceux par lesquels elle finit , l'action en vertu de laquelle la circulation s'exécute s'affaiblit peu à peu, et une fois qu'elle a cessée d'avoir lieu, la limite qui existait entre la vie et la mort est marquée.

De l'organisation matérielle de l'homme.

Le corps humain est composé de parties solides et de parties fluides.

Nous rangerons dans la première catégorie les os ; les cartilages ; le périoste ; le périchondre ; les ligamens ; les fibrocartilages ; les muscles ; les tendons ; les gaînes des tendons ; les aponévroses ; les membranes muqueuses , séreuses ; les tissus cellulaires , adipeux ; les systèmes glandulaires, nerveux , vasculaires ; les organes pulmonaires et digestifs ; les différens organes des sens, tels que : la peau, les organes du goût, de l'ouïe, de l'odorat , de la vision, de la voix ; enfin les organes génitaux des deux sexes.

Dans la seconde catégorie nous rangerons le sang , la salive , les sucs gastriques et pancréatiques, les différens mucus intestinaux et celui des narines , la bile, le chyme , le chyle, la lymphe , la synovie, le sperme , les divers produits de l'expectoration, la matière excrémentitielle , l'urine , les larmes , le fluide de la transpiration sensible et insensible, le cérumen et le lait qui se forme chez la femme au moment et après la gestation.

Mon intention étant de restreindre autant qu'il me sera possible le volume de cet ouvrage, je ne m'occuperai pas de la description anatomique des parties solides ni des caractères physiques des parties fluides, priant le lecteur de consulter à ce sujet les divers ouvrages qui traitent de ces matières.

De la nature chimique des parties solides et fluides qui constituent
le corps de l'homme.

D'après Vauquelin, Fourcroy et M. Berzelius, les os sont composés d'environ : 50 de tissu cellulaire , 37 de phosphate de

chaux, 10 de carbonate de chaux, 1,3 de phosphate de magnésie ; quelques traces d'alumine, de silice, d'oxide de fer et
d'oxide de manganèse.

Les dents, d'après M. Berzelius, sont formées de cartilages
28,0, de phosphate de chaux 64,3, de carbonate de chaux 5,3, de
phosphate de magnésie 1,0, de soude avec chlorure de sodium
1,4. L'émail est composé : de phosphate de chaux 88,5, de carbonate de chaux 8, de phosphate de magnésie 1,5, de membranes 2.

Les cartilages, d'après M. Hatchett, sont formés d'albumine
coagulée et de quelques atomes de phosphate de chaux.

Les ligamens, les fibro-cartilages, le périoste, le périchondre,
sont composés d'eau et de gélatine.

Les muscles sont composés de fibrine, d'albumine, d'osmazome,
de gélatine, d'une petite quantité d'acide libre qui, selon M. Berzelius, est de l'acide lactique, de phosphate de soude, d'ammoniaque et de chaux, d'hydrochlorate de soude, de potasse et
d'ammoniaque, de sulfate de potasse, d'oxide de fer, d'un sel
calcaire, et selon quelques chimistes de soufre et de manganèse.
La fibrine, selon MM. Gay-Lussac et Thénard, est composée de
carbone 53,360, d'hydrogène 70,21, d'oxigène 19,615, d'azote
19,934 ; l'albumine est formée de carbone 52,833, d'oxigène
23,872, d'hydrogène 7,540, d'azote 15,705 ; l'osmazome est composée de carbonate d'ammoniaque, de carbonate de soude et de
charbon ; la gélatine est formée de carbone 47,881, d'oxigène
27,207, d'hydrogène 7,914, d'azote 16,998 ; l'acide lactique est
formé de carbone 50,50, d'hydrogène 3,060, d'oxigène 43,90 ;
l'ammoniaque est formé d'azote 82,53, d'hydrogène 17,47.

Les tendons et les aponévroses sont composés d'eau et de gélatine.

Les membranes muqueuses et fibreuses se dissolvent dans
l'eau bouillante et se transforment en gélatine; d'après M. John
elles sont composées de gélatine, de fibrine, de phosphate de
chaux et de soude.

Le tissu cellulaire et les membranes séreuses sont composés
de gélatine et contiennent très peu de fibrine.

Le tissu adipeux est composé de carbone 79,088, d'oxigène
9,756, d'hydrogène 11,146.

Les vaisseaux artériels veineux et lymphatiques sont composés d'après la nature des différens tissus qui entrent dans leur
texture.

Il en est de même pour les caractères chimiques des différentes
glandes qui dépendent de ceux des tissus élémentaires qui entrent dans leur formation. Cent parties de foie sont, d'après
M. Braconnot, composées de 18,94 de tissu vasculaire et de
membranes, 81,06 de parenchyme ; cent parties de parenchyme
renferment 68,64 d'eau, 20,19 d'albumine, 6,07 d'une matière
peu azotée soluble dans l'eau et peu soluble dans l'alcool,
3,89 d'huile phosphorée soluble dans l'alcool, analogue à celle
du cerveau, 0,64 d'hydrochlorate de potasse, 0,47 de phosphate
de chaux ferrugineux, 0,10 de sel acidule insoluble dans l'al-

2

cool, formé d'un acide combustible uni à la potasse et d'un peu de sang.

Les glandes lymphatiques contiennent une matière fibreuse insoluble, un peu de gélatine soluble, des hydrochlorates de potasse et de soude, et une petite quantité de phosphate de chaux.

Les poumons, le tube digestif, sont composés chimiquement d'après la nature des tissus qui entrent dans leur texture.

Le cerveau est composé, d'après M. Couerbe, de cérébrine, d'éléencéphol, de la cholestérine, de stéaroconote et de céphalote. La cérébrine est composée de carbone 67,818, d'hydrogène 11,100, d'azote 3,339, de soufre 2,138, de phosphore 2,332, d'oxigène 13,213. L'éléencéphol est formé des mêmes élémens que la cérébrine, mais sous d'autres rapports. La cholestérine, d'après M. Chevreul, est formée de carbone 88,095, d'hydrogène 11,880, d'oxigène 3,025. La stéaroconote est composée de carbone 66,362, d'hydrogène 10,34, d'azote 3,050, de phosphore 2,420, de soufre 2,030, d'oxigène 17,120. La céphalote est composée de carbone 66,362, d'hydrogène 10,34, d'azote 3,050, de phosphore 2,544, de soufre 1.959, d'oxigène 15,851.

La moelle épinière, d'après Vauquelin, contient beaucoup plus de cérébrine et moins d'albumine, d'osmazome et d'eau que le cerveau.

Les nerfs sont aussi de la même nature que le cerveau, mais ils contiennent beaucoup moins de cérébrine et plus d'albumine; il entre de plus dans leur texture une petite quantité de graisse ordinaire.

MM. Wutzer et Lassaigne ont trouvé que le grand sympathique ainsi que les ganglions qui lui appartiennent contiennent moins de matière grasse que les nerfs et à plus forte raison que le cerveau, mais en échange plus d'albumine et de gélatine.

La peau est composée de gélatine et d'une certaine quantité de mucus albumineux.

Les poils, d'après Vauquelin, contiennent du mucus, une huile blanche concrète une huile d'un gris verdâtre, épaisse comme du bitume, des traces d'oxide de Manganèse et de fer et de sulfure de fer, de la silice, du soufre, du phosphate et du carbonate de chaux; leur couleur dépend de l'huile verdâtre ou du sulfure de fer; dans les cheveux blonds ou roux, la première serait remplacée par une huile jaune.

Les ongles sont formés d'albumine comme l'épiderme.

Les membranes de l'œil sont composées d'eau et de gélatine; l'humeur aqueuse, d'après M. Berzelius, contient : eau 98,10, quelques traces d'albumine, chlorure de sodium et lactate 1,15, soude avec matière animale seulement soluble dans l'eau 0,75.

L'humeur vitrée, d'après le même chimiste, est formée d'eau 98,40, albumine 0,15, chlorure de sodium et lactate 1,42, soude et matière animale soluble dans l'alcool 2,4, matière animale soluble dans l'eau et phosphate 1,3, portion de membranes in-insolubles 2,4.

Les autres organes des sens sont composés chimiquement d'après la nature de leurs tissus.

Le sang, d'après M. Berzelius, est formé d'eau 905, d'albumine 80, lactate de soude et de matière extractive soluble dans l'alcool 4, chlorure de sodium et de potassium 6, phosphate de soude 1, et matière animale 4. D'après M. Lecanu, le caillot du sang veineux contient : eau 78,145, fibrine 2,100, albumine 65,090, hémacroïne 135,000, matière grasse cristallisable 2,430, matière huileuse 1,310, matières extractives solubles 1,790, albumine combinée à la soude 1,265, chlorure de sodium et de potassium, carbonate, phosphate et sulfate de soude 8,37, carbonate de chaux, phosphate de chaux et de magnésie 2,100.

La salive, d'après M. Berzelius, est formée sur 1000 parties : eau 992,9, matière animale particulière 2,9 ; mucus 1,4, chlorure de sodium et de potassium 1,7, lactate de soude et matière animale 0,9, soude libre 0,2.

Le suc gastrique, d'après l'analyse de MM. Tiedmann et Gmelin, est formé d'acide acétique et du mucus, de la matière salivaire, de l'osmazome et de divers sels alcalins et calcaires.

Le fluide pancréatique contient 91,28 pour 100 parties d'eau, et 8,72 de parties solides formées d'une matière animale, soluble dans l'eau et insoluble dans l'alcool, d'albumine, de soude, d'acétate de soude, et de chlorures de sodium et de potassium.

Les mucus présentent des différences dans leurs propriétés chimiques suivant les parties qui les ont secrétées ; mais ces différences doivent dépendre des substances étrangères que l'on y rencontre. Ainsi, le mucus de la vésicule du fiel est toujours coloré en jaune probablement à cause de quelques traces de bile qui s'y trouvent. Le mucus, selon M. Berzelius, est formé de 933,9 d'eau, de 53,3 de matière muqueuse, de 5,6 d'hydrochlorate de potasse et de soude, de 3 lactate de soude uni à une substance animale, de 0,9 de soude, de 3,5 de phosphate de soude, d'albumine et d'une matière animale soluble dans l'eau et insoluble dans l'alcool. Le mucus intestinal, d'après MM. Tiedemann et Gmelin, contient un peu d'acide acétique, beaucoup d'albumine, une matière caséeuse, un peu de principe gras et de la résine de la bile, des sels alcalins et calcaires, notamment des phosphates, des chlorures et des carbonates.

La bile est composée de 800 parties d'eau, d'albumine, de matière jaune, de matière verte choléchroïne, d'une petite quantité de résine et sucs biliaires, de cholestérine, de la soude, du phosphate de soude, des chlorures de sodium et de potassium, du sulfate de soude, du phosphate de chaux et de magnésie, et des traces d'oxide de fer.

Le chyme est composé des substances alimentaires tant animales que végétales, c'est-à-dire d'albumine liquide et coagulée, de gélatine, de fibrine, d'amidon, de gluten, de mucus végétal, de sucre, de graisse et des différens principes minéraux qui se rencontrent dans toutes les substances propres à l'alimentation.

La partie liquide ou sérum du chyle est composée d'une grande quantité d'eau qui s'élève entre 0,90 et 0,96 contenant en solution de l'albumine qui lui donne la propriété d'être coagulée par la chaleur, les acides et l'alcool ; d'une matière grasse que l'on peut en séparer au moyen de l'alcool bouillant; une matière semblable à l'osmazome; soluble dans l'alcool; de la soude, du chlorure de sodium, de l'acétate, du phosphate de soude et du phosphate de chaux.

La partie solide du chyle est formée de fibrine, de matière grasse et d'une portion de sérum.

La lymphe est composée d'eau 926,24, fibrine 4,2, albumine 61,0, chlorure de sodium 6,1, carbonate de soude 1,8, phosphate de chaux de magnésie et carbonate de magnésie 0,5.

La synovie est formée, d'après M. Margueron, de : eau 80,46, albumine 4,52, matière fibreuse 11,86, phosphate de chaux 0,70, chlorure de sodium 1,75, carbonate de soude 0,70.

Le sperme est formé, d'après Vauquelin, de 900 d'eau, de 60 de mucilage animal, de 10 de soude et de 30 de phosphate calcaire.

Les produits de l'expectoration ne diffèrent pas des autres mucus.

La matière excrémentiticlle, d'après M. Berzelius, est composée d'eau 73,3, de débris végétaux et animaux 7,0, de bile 0,9, d'albumine 0,9, de matière extractive particulière 2,7, de matière visqueuse composée de résine, de bile altérée, de matière animale particulière et de résidu insoluble 14,0, de sel 1,2; 17 parties de ces sels sont formées de 5 de carbonate de soude, de 4 d'hydrochlorate de soude, de 2 de sulfate de soude, de 2 de phosphate ammoniaco-magnésien et de 4 de phosphate de chaux.

L'urine est composée, d'après M. Berzelius, sur 1,000 parties : eau 933,00, urée 30,10, sulfate de potasse 3,71, sulfate de soude 3,16, phosphate de soude 2,94, chlorure de sodium 4,45, phosphate d'ammoniaque et matière animale soluble dans l'alcool 17,14, phosphate de chaux et de magnésie 1,00, acide urique 1,00, mucus 3,32, silice 0,03.

Les larmes, d'après Vauquelin et Fourcroy, sont formées d'une grande quantité d'eau, de quelques centièmes de mucus et d'un peu de soude, de sel marin, de phosphate de chaux et de soude.

Le cérumen, d'après Vauquelin, est formé de mucus albumineux, d'un principe colorant, d'une matière grasse semblable à celle de la bile, de phosphate de chaux, de soude.

Le produit de la transpiration insensible, d'après le Dr Anselmino, n'est composé que d'eau contenant des traces d'acide carbonique; 100 parties de sueurs évaporées à siccité au bain-marie, ont produit depuis 0,5 jusqu'à 1,4 de résidu sec : sur 100 parties, ce résidu contient osmazone, acide acétique libre et acétate de soude, 29; osmazome et chlorure de potassium et de sodium, 48; matière animale soluble dans l'eau seulement, 21; matière animale insoluble dans l'eau et l'alcool, avec phosphate de chaux et traces d'oxide de fer, 2,2.

D'après M. Berzelius, 1000 parties de lait écrémé, d'une densité de 1,033, sont formées de 928,75 eau, 28,00 matière caséeuse avec quelques traces de beurre, 35,00 sucre de lait, 1,70 hydrochlorate de potasse, 6,00 acide lactique, acétate de potasse avec atôme de lactate de fer; 0,5 phosphate terreux.

Suivant le même chimiste, 100 parties de crême contiennent :
beurre 4,5, matiere caséeuse 3,5, petit-lait 92,0 lesquels 92,0
contiennent 4,4 de sucre de lait et de sel.

Le beurre est formé de stéarine, de butyrine, d'oléine, d'une
huile particulière, d'acide butyrique, d'un principe colorant jaune
et d'un principe aromatique.

De l'usage particulier des différens organes du corps et des différens
fluides.

Les fonctions, ou plutôt l'usage des os, des cartilages, des ligamens, des fibro-cartilages, du périoste et du périchondre sont
trop connus pour que nous nous en occupions ici; nous parlerons
seulement de la théorie de MM. Prevost et Dumas, sur la contraction musculaire. D'après ces expérimentateurs, les fibres musculaires seraient passives dans la contraction, et les vrais agens ne
seraient que les nerfs qui, par les filets qu'ils envoient à chaque
fibre, détermineraient leur rapprochement par le courant électrique dont ils sont les conducteurs. Pour que la contraction
puisse avoir lieu, il faut que la communication, avec l'organe central de la circulation par les vaisseaux artériels et vei-
néux, et avec la moelle épinière et le cerveau par les nerfs, ne
soient pas interrompue. Nous verrons plus tard quelles sont les
causes des convulsions musculaires désignées sous le nom de
crampes ; nous expliquerons aussi pourquoi, lorsque la contraction a cessé, le muscle revient à sa disposition primitive.

Nous ne parlerons pas aussi des fonctions des tendons, des
aponévroses ni des membranes muqueuses ; quant à celles que
les membranes séreuses remplissent, nous dirons qu'elles ont
pour fonctions principales d'être isoloirs, c'est-à-dire de contenir
le fluide électrique autour des parties qu'elles enveloppent hermétiquement, afin qu'il ne communique pas avec les différens
organes auxquels il n'est pas destiné.

Le névrilemme qui accompagne les nerfs jusqu'à leur terminaison, et qui n'est qu'un prolongement des membranes séreuses
qui recouvrent le cerveau et la moelle, sert également d'obstacle
au fluide électrique, afin qu'il puisse parvenir au point mathématique auquel il doit parvenir.

Le tissu cellulaire fournit une enveloppe aux parties même les
plus tenues; il est isoloir, et sert aussi de levier pour repousser
le sang veineux et la lymphe.

Le tisssu cellulaire qui forme l'enveloppe générale de tout le
corps et qui se trouve sous-jacent à la peau, contient la couche
électrique, qui a pour mission de maintenir avec celle qui existe
autour du cerveau et de la moelle épinière, les muscles dans
leur position de relâchement.

Les artères, les veines et les vaisseaux lymphatiques, semblables à des tubes de caoutchouc, sont entièrement passifs dans
la circulation, et donnent passage au sang artériel, veineux et à
la lymphe.

Les glandes ont pour usage de restituer au réservoir commun, au moyen du grand symphatique, la même quantité d'électricité qui a servi à entretenir leur sécrétion. Comme les fonctions des glandes sont en général connues , nous ne dirons que quelques mots concernant la rate , le foie et la glande thyroïde.

Plusieurs auteurs ont avancé que la rate devait servir à disposer le sang veineux qui par la veine-porte , se rend au foie pour coucourir ensuite à la formation de la bile , (ce qui pourrait faire croire à cette opinion , c'est que le sang de la rate est plus noir, plus huileux que le sang veineux en général). La rate remplirait donc une fonction préparatoire, et pourrait alors être regardée comme l'auxiliaire du foie. Ce qui l'indiquerait , c'est qu'après l'extirpation de cet organe , la bile est plus abondante, moins jaune , moins amère et toujours imparfaite.

Le foie n'a-t-il pas pour fonction d'enlever du carbone au sang veineux et de rendre ce dernier plus propre à être hématosé ?

Le corps thyroïde, par sa texture molle et spongieuse, ne peut-il pas avoir pour mission de protéger le larynx en lui servant de coussin , de manière à entretenir une humidité convenable autour de cet organe . afin d'entretenir et de modifier le son de la voix et à le rendre plus grave et plus moelleux?

Les poumons sont non seulement les organes de la respiration, mais aussi ceux dans lesquels est déterminée la force de progression du sang artériel ; en vertu des actes chimiques dont ils sont le siége , ils développent aussi de l'électricité pour fournir au besoin de toutes les fonctions du corps.

Le tube digestif n'a pas seulement pour mission d'altérer et de changer la nature de la substance alimentaire ; il a aussi pour fonction de restituer, comme les glandes, l'électricité qui a servi à entretenir les phénomènes chimiques de la digestion.

D'après M. Jobert, l'intelligence est développée en raison du volume de la substance blanche dans le cerveau ; le contraire a lieu pour la substance grise. Cet organe (le cerveau), outre qu'il préside à l'intelligence et à tous les actes de la vie, est aussi le réservoir du fluide vitré , conjointement avec la moelle épinière. La couche électrique est continue autour de ces deux organes , par les membranes séreuses qui les recouvrent, la pie-mère et l'arrachnoïde. C'est cette couche qui maintient, conjointement avec la couche électrique sous-jacente au tissu cellulaire général , la position des muscles, lorsqu'ils ne sont pas en contraction.

Les nerfs sont conducteurs de l'électricité, le névrilemme qui les enveloppe sert d'isoloir à ce fluide.

J'ai divisé les nerfs en afférens et en efférens : les nerfs afférens sont composés par le grand sympathique qui transmet le fluide vitré des organes , soit électro-moteurs, soit restituteurs au réservoir commun ; et les efférens sont tous les autres nerfs qui dirigent le fluide du réservoir commun aux organes du corps.

La peau n'est pas un isoloir, elle a pour mission, au contraire, de mettre le corps en rapport avec l'atmosphère , de le décharger de son fluide, de le débarrasser de sa chaleur et de rejeter au dehors les principes constituant une matière sébacée qui sert à préserver l'épiderme de sa propriété hygrométrique.

Le sang veineux, produit de l'assimilation, sert à entretenir les fonctions chimico-physiques qui se passent dans les poumons.

Le sang artériel, résultat des phénomènes chimico-physiques qui se passent dans les poumons, sert à entretenir l'assimilation.

La salive est un fluide destiné à humecter et à ramollir le bol alimentaire, et à entretenir une certaine humidité dans la bouche.

Le suc gastrique est destiné à opérer la dissolution des alimens dans l'estomac, en altérant chimiquement leur nature, afin de les convertir en chyme.

Le suc gastrique, d'après MM. Tiedemann et Gmelin, contribue à l'assimilation du chyme dans l'intestin grêle.

Le mucus intestinal a pour usage de faciliter la progression de la bouillie alimentaire dans l'intestin, d'être l'intermède au moyen desquels les villosités intestinales absorbent le chyle, d'achever la dissolution de quelques substances alimentaires afin de contribuer à la composition et à l'assimilation du chyle ; quant au mucus du cœcum, étant plus acide et plus liquide que celui de la fin de l'intestin grêle, il est destiné à dissoudre les parties des alimens qui ont résistés à l'action du suc gastrique et des fluides de l'intestin grêle,

D'après MM. Tiedemann et Gmelin, la bile stimule la muqueuse intestinale, active la sécrétion des sucs nécessaires à la digestion, et le mouvement péristaltique de l'intestin ; en vertu de sa composition chimique, elle s'oppose à la décomposition putride des substances alimentaires, neutralise une partie de l'acide provenant du suc gastrique, facilite la fluidification, la division de la graisse et des principes huileux des alimens ; son usage principal est aussi de rejeter hors des voies de la circulation les principes dont la présence dans le sang est contraire au maintien de la composition chimique de ce liquide.

Le chyme a pour usage, lorsqu'il est combiné avec le mucus de l'intestin grêle, le suc pancréatique et la bile, de former le chyle.

Le chyle a pour usage d'alimenter et de rendre au sang les principes qu'il perd à chaque instant par l'assimilation.

La lymphe a le même usage que le chyle, elle alimente le sang.

Toutes les sécrétions du corps, le mucus du nez, la salive, les larmes, le sperme, le lait, la matière excrémentitielle, l'urine, la sueur et la transpiration insensible, le cérumen, etc., ont pour usage de rejeter hors du corps soit des principes qui ont servi à la nutrition des organes, ou bien d'autres qui pourraient nuire à cette fonction.

Expériences diverses à l'appui des faits avancés.

Ayant présenté un électromètre résineusement chargé, à une portion musculaire d'un bœuf qui venait d'être tué, et qui conservait encore sa chaleur, puisqu'elle n'était pas séparée de l'animal, la petite bale de sureau fut toujours repoussée.

Voici une expérience qui peut démontrer que les séreuses sont isoloirs, et que le grand sympathique est afférent.

J'ai mis, sur un lapin mort depuis huit heures, la moelle épinière à nue dans la région cervicale, afin d'y implanter une aiguille qui fut isolée des tissus circonvoisins, au moyen de gomme laque. Ensuite une autre aiguille qui avait pour conducteur un fil de laiton, qui lui même communiquait à une plaque de zinc d'une auge électrique chargée au moyen d'eau acidulée. (Il est bon de faire observer que le fil de laiton était isolé de la main de l'expérimentateur au moyen d'un tube de verre) ; alors cette aiguille fut introduite dans les tissus sous cutanés du corps de l'animal, l'électromètre chargé résineusement, présenté alors à l'aiguille qui était implantée dans la moelle épinière, ne donnait aucune oscillation ; mais aussitôt que l'aiguille qui communiquait à la pile à auge pénétrait, soit dans le péritoine soit dans les plèvres, les oscillations de l'électromètre avaient lieu aussitôt.

Ce qui vient militer en faveur de mon opinion, que le grand symphatique est afférent, c'est la distribution de ce nerf qui est très volumineux dans l'abdomen, au bassin, aux organes de l'intérieur de la poitrine, qu'il communique à toutes les glandes organes, entourées hermétiquement de tissus cellulaire afin d'en reprendre l'électricité mise à nu pendant leurs fonctions ; et enfin, qu'il est réduit à des fibres imperceptibles, dans les profondeurs de la tête. L'insensibilité du cordon antérieur de la moelle et celle du grand symphatique, démontrée par les expériences de M. Calmeil, Jobert, ensuite la communication du grand symphatique avec la face antérieure de l'organe rachidien, au moyen d'un gros rameau qui part de chaque ganglion, viennent encore la confirmer.

Voici une expérience que l'on peut répéter facilement et qui prouve qu'il existe une couche électrique maintenue autour du corps par le tissu cellulaire général d'enveloppe. Si on introduit une aiguille sous la peau d'un animal vivant, et que l'on pénètre sous le tissu cellulaire général, l'électromètre donne des oscillations.

Les expériences de M. Pelletan, consignées dans la *Revue médicale* de janvier 1825 viennent aussi le démontrer.

Ce professeur, ayant introduit une aiguille dans le mollet d'un individu, c'est-à-dire au dessous du tissu cellulaire général, obtint des oscillations à l'aide du galvanomètre de M. Becquerel.

Les expériences d'Aldini, de MM. Humboldt, Edwards, Berauldi, etc., prouvent que les nerfs sont conducteurs de l'électricité.

Ayant moi-même implanté une aiguille sur le nerf crural d'un lapin vivant, que j'avais mis hors d'état de faire aucun mouvement, j'approchai à plusieurs reprises de cette aiguille un électromètre chargé résineusement. J'obtins toujours des oscillations très sensibles.

Les expériences suivantes de Dupuytren et de M. Edwards R. Ware démontrent que le pneumo-gastrique préside seul aux fonctions respiratoires et digestives, et que le grand sympathique y est entièrement étranger.

Dupuytren coupa, sur un chien, la huitième paire de nerf dans sa portion cervicale; la section faite d'un seul côté, ne détermina pas un trouble bien remarquable dans la respiration ; mais la même section ayant été faite sur le même nerf du côté opposé, l'animal mourut en offrant tous les signes de l'asphixie.

M. Edwards R. Ware coupa le nerf pneumo-gastrique sur plusieurs lapins, après leur avoir fait avaler du persil. Ces animaux ayant été tués cinq à six heures après l'ingestion de cette substance, l'estomac chez tous était considérablement distendu, et la masse alimentaire n'avait éprouvé que peu de changement. Les portions d'alimens qui étaient en contact avec les parois de l'estomac, avaient été altérées dans leur couleur et un peu dans leur consistance ; dans son centre, la masse alimentaire avait conservé son odeur et sa couleur naturelle, et ressemblait tout-à-fait à du persil fraîchement haché. L'altération légère qui existait à la surface de la masse alimentaire, était due probablement aux sécrétions de la muqueuse de l'estomac qui avaient pu l'imbiber.

Ce qui peut indiquer que les poumons sont des organes électro-moteurs, c'est qu'ils sont environnés par les plèvres et qu'il n'y a que de l'oxigène d'introduit dans le corps pendant la respiration; que les glandes ainsi que le canal digestif sont des organes restituteurs électriques, c'est que la même quantité d'électricité vitrée qui a servi à déterminer chez eux les actes électro-chimiques, étant mise à nu, est contenue ensuite par les séreuses dont ces organes sont entourés, pour être reportée au réservoir commun.

Après avoir passé en revue les différens principes élémentaires qui entrent dans la texture des organes du corps, qui, comme nous l'avons vu, sont entièrement matériels, nous allons nous occuper d'autres principes également matériels qui, lui étant étrangers, introduits dans deux de ses principaux organes servent à y alimenter les phénomènes chimiques et physiques qui entretiennent le principe de la vie ; je veux parler de l'air atmosphérique, et des différens alimens.

De l'air atmosphérique.

L'influence de l'air atmosphérique, dont je n'ai pas besoin de donner ici la composition, est augmentée d'après les différens degrés de froid ou bien diminuée d'après la chaleur. Dans le premier cas, il est plus ou moins compact; dans le second, il est plus ou moins raréfié. Il est aussi très raréfié sur les hautes montagnes. Lorsqu'il est chargé d'humidité, il est très bon conducteur de l'électricité; lorsque des substances végétales ou animales sont soumises à l'action de l'humidité ou de la chaleur, comme cela arrive souvent dans les pays chauds où marécageux, l'air atmosphérique, indépendamment de son humidité, se charge de gaz plus ou moins impropres à la respiration ; aussi les individus exposés à l'action de cette température en ressentent-ils promptement l'influence maligne , puisque l'humidité enlève au corps du fluide électrique, et que la fonction respiratoire en est altérée.

Des alimens et des boissons.

Les alimens dont l'homme fait usage sont tirés du règne végétal et animal.

Le régime alimentaire animal fortifie tous les organes, vivifie toutes les fonctions , accélère la circulation , produit une abondante chaleur, active la nutrition et les sécrétions.

Le régime végétal continuel affaiblit les organes digestifs, ralentit la circulation, produit peu de chaleur animale, diminue l'activité de la nutrition , et finit par rendre la constitution du corps lâche et molle , le prédispose au scorbut, aux scrophules, etc., etc.

Les principes tirés des corps des animaux , sont : la fibrine , l'albumine, la gélatine, la caséum et l'osmazome.

Les poissons fournissent également une nourriture abondante en principes réparateurs ; ils jouissent d'une vertu aphrodisiaque, ce qui tient sans doute à ce qu'ils contiennent des principes phosphorescens.

MM. Thénard et Gay-Lussac ont divisé les principes tirés des végétaux en quatre classes : en principes ou l'oxigène est à l'hydrogène dans un rapport plus grand que dans l'eau ; en principes dans lesquels l'hydrogène et l'oxigène sont dans un rapport pour former de l'eau ; en principes dans lesquels l'hydrogène est en excès par rapport à l'oxigène ; enfin, en principes végétaux et animaux.

En outre, tous les alimens contiennent différens sels en dissolution, tels que de la soude, de la potasse, de la chaux, de la silice , de la magnésie, du fer , des phosphates de soude et de chaux.

Plus la nature des alimens se rapproche de la nature du chyle plus elle est propre à l'alimentation.

Les boissons servent à la digestion, soit en stimulant l'estomac, comme les spiritueux , soit en facilitant la dissolution des substances alimentaires. L'eau a la double propriété de stimuler les organes digestifs et de dissoudre les alimens. Tous les liquides dont nous nous servons pour boisson sont chargés plus ou moins de principes nutritifs , ainsi plus le vin est le produit des pays chauds, plus il contient de matière sucrée , et par conséquent d'alcool.

Classification organique de la machine humaine.

D'après le tableau que je viens de tracer des organes de l'homme , et des principes qui entrent dans leur constitution, il est impossible de nier que la nature humaine ne soit pas matérielle. L'air et les alimens , qui sont assimilés à sa nature , sont également formés de principes matériels , en étudiant sans idées préconçues les phénomènes électro-chimiques qui se passent dans les organes pulmonaires , en ayant égard ensuite à la nature du sang artériel et à sa métamorphose en sang veineux ;

en déduisant d'après la nature des tissus , d'après celle du sang artériel et d'après les lois immuables de la chimie et de la physique, les phénomènes qui doivent se passer dans l'assimilation; en observant les phénomènes de la digestion ; en tenant compte des expériences qui constatent que les séreuses , le tissu cellulaire général et spécial sont des isoloirs : le névrilemme est aussi une preuve que les séreuses sont isoloirs , car il contient le fluide électrique autour des nerfs , sans quoi l'électricité ne pourrait jamais parvenir au point mathématique où elle est destinée, et si elle n'était isolée elle se perdrait dans tous les tissus. En tenant également compte des expériences qui démontrent que le cerveau et la moelle épinière, sont entourées d'une couche d'électricité vitrée, des rapports anatomiques et des expériences qui peuvent prouver que les nerfs sont conducteurs afférens et efférens, et des rappors de la peau avec la nature extérieure , on est de suite porté à voir que le cerveau et la moelle épinière sont le réservoir commun du fluide électrique vitré, que le grand sympathique est un nerf afférent, et que les autres nerfs sont efférens ; que les séreuses, le tissu cellulaire et le névrilemme sont des isoloirs ; que les artères sont les conduits des principes qui doivent servir à l'assimilation , qui a lieu dans tous les tissus du corps ; que les veines et les vaisseaux lymphatiques conduisent les principes qui résultent de l'assimilation et de la digestion, pour être hématosés et reportés ensuite dans les voies circulatoires ; que les poumons sont les seuls organes qui entretiennent le corps d'électricité vitrée, les glandes et les organes digestifs empruntent seulement au réservoir commun de l'électricité pour la lui restituer ensuite, après que ce fluide a servi à entretenir leurs fonctions ; que la peau, enfin, a pour usage de décharger le corps de son fluide, de sa chaleur, et de le débarrasser en outre des principes qui ont servi à sa nutrition, principes qui constituent cette matière sébacée qui enduit l'épiderme.

La nature matérielle de l'homme ainsi constatée, et ses organes bien classés, nous voyons qu'il est semblable à un vaisseau bien gréé qui n'attend plus que l'air pour lui imprimer le mouvement. Il a besoin d'une force qui fasse jouer tous ses ressorts organiques d'une manière constante et harmonieuse, et qui entretienne en lui la source de la vie dont la cause première est inconnue et dépend du grand organisateur de la nature entière. Cette action est développée chez lui par l'introduction de l'air dans les poumons, par le conflit perpétuel des principes matériels du sang artériel et de ceux qui composent les tissus de tous les corps , et enfin par l'injection des substances alimentaires dans son tube digestif. Tous ces phénomènes n'ont lieu dans cette nature organisée , qu'en vertu d'un acte électro-chimique, acte qui seul comprend tous les faits de la vie de l'homme et y satisfait.

De l'acte électro-chimique.

On entend par acte chimique une séparation et une composition alternative de la matière, afin de produire de nouvelles combinaisons. L'analyse tend à la décomposition , la synthèse à la combinaison ; il ne peut y avoir décomposition sans une combinaison concomitante qui fait exactement équilibre à toute l'étendue de la décomposition, comme il ne peut y avoir combinaison, sans une décomposition concomitante ; ces deux phénomènes sont opposés l'un à l'autre dans l'acte entier.

Pour qu'un acte chimique puisse s'accomplir, il faut qu'il y ait affinité entre les deux substances qui doivent se combiner, et qu'elles ne soient pas parfaitement homogènes. La tendance des deux substances à se neutraliser dépend donc de leur affinité réciproque et de leur différence de nature ; l'affinité réciproque des corps est d'autant plus grande que leur électricité est opposée. Comme l'équilibre général n'est jamais troublé dans la nature, malgré les changemens continuels qui s'y passent, on peut déduire de là, que la décomposition continue des principes doivent se faire équilibre, sans cela la matière tomberait en dissolution, c'est ce qui a également lieu pour le corps.

La belle découverte de la pile de Volta, est venue démontrer que l'acte chimique était sous l'influence d'une tension électrique ; car comme dans l'acte chimique , la combinaison et la décomposition, sont dans un équilibre aussi parfait que l'électricité positive et négative dans l'état électrique, les états électriques et chimiques doivent être compris dans une seule et même idée générale. M. Pouillet a démontré que dans toute combinaison de l'oxigène avec un corps de nature quelconque, l'oxigène dégage constamment de l'électricité vitrée, et que le corps avec lequel se combine l'oxigène dégage de l'électricité résineuse. Aussi si l'on soumet un mélange d'oxigène et d'hydrogène par le moyen d'un conducteur à une machine électrique chargée de fluide vitré, il y aura à l'instant neutralisation chimique et électrique, c'est-à-dire qu'il en résultera de l'eau , une commotion avec étincelle, le fluide vitré de la machine dirigé par le conducteur, est venu opérer la synthèse, il s'est neutralisé avec le fluide produit par l'hydrogène et le fluide produit par l'oxigène, est mis à nu et se perd dans l'atmosphère. Si l'acte chimique se passe entre des parties très tenues, on n'observera pas d'action électrique, cependant elle doit avoir nécessairement lieu, puisque M. Pelletier est parvenu à l'aide d'un instrument de son invention à mesurer la force de l'action électrique qui avait lieu dans la combinaison d'un atôme de zinc et de cuivre. C'est ainsi que des changemens se passent sans cesse dans le corps de l'homme, sans manifestation visible. Comme pendant ces changemens il y a eu attaque réciproque de principes matériels pendant laquelle ces principes sont rejetés au dehors, il se développe alors plusieurs besoins réparateurs, tels que respirer, manger et boire ; nous établirons donc le trépied sur lequel repose la vie sur trois fonctions principales , la respiration, l'assimilation et la digestion.

De la Respiration.

Ce n'est qu'en étudiant les différens phénomènes qui se passent pendant l'acte respiratoire et en tenant compte des organes qui concourent à cette fonction, tels que les nerfs pneumo-gastrique et grand sympathique, poumons, plèvres, veines et artères pulmonaires et des phénomènes qui se passent dans les deux natures de sang, que l'on peut en déterminer l'action.

Ainsi pendant cette fonction, une quantité d'air atmosphérique est mise en rapport : 1° avec une certaine quantité de sang veineux, 2° le pneumo-gastrique établit la communication du réservoir commun (le cerveau et la moelle) avec les poumons afin d'y conduire du fluide vitré, aussitôt il y a décomposition de l'air atmosphérique et du sang veineux ; la plus grande partie de son oxigène en se combinant avec le carbone du sang veineux forme l'acide carbonique rejeté par l'expiration avec l'azote, ce qui enlève au corps du carbone, par conséquent de l'électricité résineuse, une autre partie d'oxigène, un huitième d'après MM. Macaire et Marcet se combine avec les globules d'une certaine quantité de sang veineux, en augmente la chaleur et en change la nature pour le rendre artériel ; il y a alors neutralisation des deux fluides, une portion du fluide vitré qui a servi à l'analyse de l'air et du sang veineux, provenant du réservoir commun, neutralise l'électricité résineuse dégagée par les principes du sang qui se combinent avec l'oxigène ; l'électricité vitrée provenant de cet oxigène est mise à nu, et se répand dans la poitrine ; mais maintenue par les plèvres, elle est aussitôt reprise par le grand sympathique pour être reportée par ce dernier au réservoir commun ; enfin de la neutralisation électrique qui a lieu dans la combinaison de l'oxigène de l'air avec le carbone du sang veineux pour former de l'acide carbonique, et de celle qui résulte de la combinaison d'une autre portion d'oxigène avec le sang veineux pour le rendre artériel, résulte une commotion ; cause de la progression du sang artériel, ce qui détermine les battemens du cœur conjointement avec une autre force qui dirige le sang veineux en sens contraire.

Preuves. L'air atmosphérique, est le seul fluide aériforme qui puisse servir à la respiration, la quantité d'air expiré est entièrement égale à celle qui a été inspirée. L'air expiré est combiné à une grande quantité de vapeur qui constitue la transpiration pulmonaire, il contient moins d'oxigène que l'air inspiré et plus d'acide carbonique ; la quantité de cet acide est variable, souvent elle est absolument égale à celle de l'oxigène qui disparaît. Quelquefois elle n'équivaut qu'à un tiers ou à la moitié de cet oxigène. Selon M. Edwards, l'absorption de l'oxigène est plus grande en été qu'en hiver, ce qui tient sans doute à ce que l'air atmosphérique est plus raréfié dans cette saison.

On ne peut nier que la couleur rouge du sang ne dépende de son contact médiat avec l'oxigène, puisque l'oxigène et l'air atmosphérique sont les seuls gaz capables d'opérer ce changement. Et quoique nous ignorions encore sur quelle partie du sang agit l'oxigène, la combinaison de ce gaz n'en a pas moins lieu, et les phénomènes électriques remarqués par M. Pouillet en sont nécessairement la suite.

La circulation n'est établie , chez l'enfant qui vient de naître, qu'aussitôt que l'air a été introduit dans ses poumons.

Le centre de la circulation doit être le point où le sang veineux change de nature ; et il est hors de doute que c'est dans le poumon que cette métamorphose a lieu.

Si nous recherchons , par l'examen des phénomènes qui se succèdent chez un animal, chez lequel on s'oppose par un moyen quelconque à l'entrée de l'air dans ses poumons , nous voyons d'abord que la victime essaie de faire une inspiration semblable à un profond soupir ; ses tentatives étant sans fruit, il survient un mouvement respiratoire rapide durant lequel tout le corps s'agitte ; tous les muscles de la poitrine, par leurs contractions répétées, violentes et spasmodiques, tendent à surmonter l'obstacle qui s'oppose à l'acte de la respiration ; la peau et les membranes muqueuses deviennent livides ; toutes les sensations s'anéantissent ainsi que l'action des muscles soumis à l'empire de la volonté ; les battemens du cœur, ainsi que la circulation , ne continuent que pendant très peu de temps ; tous les vaisseaux capillaires se remplissent d'un sang fluide de couleur noire ; l'oreillette et le ventricule droit , ainsi que l'artère pulmonaire , sont extraordinairement distendus par un sang noirâtre ; les poumons sont fortement engorgés ; le cœur gauche ainsi que les artères sont dans un état de vacuité complète.

Cet état de la circulation ne démontre-t-il pas que le principal obstacle à la progression du sang doit être placé dans les poumons, organes dans lesquels le sang veineux ne pouvant plus être soumis au contact de l'air atmosphérique, ce liquide ne peut plus recevoir de l'oxigène ni céder de son carbone?

Malgré cette suspension de la respiration ; la vie n'est pas anéantie pour cela ; l'action vitale , se continue pendant quelques temps encore , et même quoique les phénomènes ordinaires qui la constituent semblent être abolis , tant que la mort n'est qu'apparente, et que le sang n'a pas perdu sa fluidité et sa chaleur normale , on peut la ramener par des moyens particuliersdans tout l'organisme, comme l'ont prouvé Hocke et Bichat. Comme les poumons contiennent encore une quantité d'air atmosphérique dans leurs cellules , on doit s'attendre à ce que, tant que cet air atmosphérique ne sera pas épuisé, l'hématose devra continuer à s'opérer , et la circulation se prolongera avec sa force habituelle , jusqu'à ce que la proportion d'oxigène , diminuant de plus en plus , le sang ne pourra plus subir les modifications nécessaires, et la circulation s'arrêtera graduellement. Si, alors, on enlève l'obstacle à l'entrée de l'air, le sang n'ayant pas perdu de sa fluidité ni de sa chaleur, soumis encore à l'influence de cet air, s'emparera de son oxigène, et formera au moyen de son contact de l'acide carbonique, ce qui donnera de nouveau naissance à la force qui détermine sa progression.

La cause qui fait mouvoir si rapidement le sang artériel tient uniquement à la neutralisation électrique qui accompagne les phénomènes chimiques , neutralisation qui détermine une force de là même nature, que celle qui pousse le bouchon d'une bouteille de vin de Champagne.

Cette commotion électrique était presque nulle chez les cholériques; aussi, Baruel et M. Clanny ont-ils démontré que l'air atmosphérique ne subissait aucune altération dans les poumons de ces malades lorsqu'ils étaient cyanosés et froids, et qu'il y avait bien moins d'oxigène d'absorbé chez les cholériques non cyanosés que pendant l'état de santé. On sait que la circulation était insensible chez les premiers et à peine sensible chez les derniers.

A l'appui de mon opinion vient encore l'expérience de Bichat, dans laquelle il avait adapté un robinet à la trachée artère d'un chien, le sang qui jaillissait d'une artère qu'il avait eu soin d'ouvrir, sortait de plus en plus noir par un jet qui s'affaiblissait peu à peu, ce qui dépendait de ce que l'air contenu encore dans les cellules pulmonaires agissait sur le sang veineux en l'hématosant, et suffisait encore à l'alimentation du jet. Mais aussitôt que les phénomènes chimiques étaient anéantis par le manque d'air dans les poumons, l'impulsion du sang n'avait plus lieu. Si alors l'animal n'était pas encore privé de vie, et que Bichat donnât accès à l'air en rouvrant le robinet, le sang redevenait de plus en plus rouge, et le jet augmentait de même.

Les injections de sang noir faites par Bichat, dans les cavités du cœur ne pouvaient pas faire cesser ses contractions, puisque toujours il laissait subsister chez l'animal la fonction respiratoire.

Les expériences récentes de M. Amussat, sur l'introduction de l'air dans les veines, prouvent que la circulation est suspendue par une quantité considérable d'air qui, distendant les cavités droites du cœur, interromp la colonne de sang veineux, et anéantit tous les phénomènes électro-chimiques qui se passent dans les poumons; l'acide carbonique n'étant pas formé, et la combinaison de l'oxigène avec le sang n'ayant pas lieu, puisque l'air atmosphérique ne peut agir sur un fluide de même nature que lui; il ne peut, par conséquent, s'établir de projection du sang artériel, et la circulation alors se trouve anéantie. Ce qui le démontre d'une manière indubitable, c'est que les cavités gauches du cœur sont toujours affaissées et ne contiennent que très peu ou point d'air.

A l'autopsie d'un animal mort asphixié à la suite de la section *complète* des deux nerfs pneumo-gastriques, on rencontre les veines jugulaires, le cœur droit et les poumons gorgés d'un sang noir.

A l'ouverture du corps, on trouve toujours les artères presque vides de sang, et les artères pulmonaires ainsi que le cœur droit toujours remplis d'un sang noir.

Toutes ces expériences et ces déductions de faits irrécusables me font penser d'une manière entièrement concluante, que la force qui imprime au sang artériel son impulsion, se développe dans les poumons.

M. Beraudi a constaté sur un lapin, chez qui il avait découvert le nerf crural dans lequel il implanta une aiguille isolée à son extrémité supérieure avec de la gomme laque, que la faculté magnétique augmentait en faisant respirer à l'animal du gaz oxigène contenu dans une vessie terminée par une canule.

Je mis avec soin à découvert le nerf crural chez un lérot engourdi par le froid, dans lequel nerf j'implantai une aiguille très fine, ensuite je plaçai graduellement l'animal dans un atmosphère de chaleur que je portai jusqu'à dix et douze degrés ; aussitôt que sous cette influence atmosphérique, la respiration et la circulation devinrent de plus en plus sensibles , l'électromètre m'offrit des oscillations très visibles.

Cette expérience, corroborée par celles de M. Beraudi , me confirme que l'électricité vitrée se développe chez les animaux pendant l'acte respiratoire.

De l'assimilation.

L'assimilation peut être divisée en deux sections : l'une qui concourt à entretenir le conflit des principes matériels audessous du tissu cellulaire général du corps, et qui alimente la couche électrique vitrée sousjacente à ce tissu cellulaire ; et l'autre qui entretient les phénomènes chimiques à la peau , en déterminant les sécrétions., telles que la transpiration sensible et insensible et qui sert à décharger le corps de son fluide vitré.

Par cette fonction chaque os , chaque muscle , chaque nerf, tous les organes enfin , sont nourris par le sang artériel qui ne cesse d'être dirigé dans leurs tissus, en vertu de la commotion électrique qui a lieu dans les poumons, une fois parvenus à ces organes, les principes constituant le sang artériel se mettent en rapport avec les principes composant ces mêmes organes , s'attaquent réciproquement afin de renouveler la trame osseuse dans l'os, la fibre motile dans le muscle, la fibre nerveuse dans le nerf , etc., etc. En s'appropriant ces principes , ces organes sont soumis, comme nous le verrons plus tard , à des pertes en proportion des principes qu'ils acquièrent ; sans cela ils augmenteraient à l'infini , et le but de la nature serait manqué en ce que le corps prendrait une structure qui ne correspondrait pas à l'action de la vie.

C'est donc ce continuel échange des principes matériels entre le sang artériel et les organes du corps que j'appelle assimilation.

Il est hors de doute qu'il sera constamment impossible de se rendre compte d'une manière exacte de tous les phénomènes chimiques qui se passent dans toute l'étendue de l'assimilation ; mais pourvu que les changemens matériels qui se succèdent constamment dans cette fonction , soient des actes chimiques, qui , comme nous l'avons déjà dit , sont sous l'influence d'une tension électrique ; il sera toujours facile de se rendre compte de l'acte électrique, et par conséquent suffisant pour concevoir les phénomènes qui dépendent de cette fonction.

Lorque les combinaisons chimiques ont lieu dans chaque tissu pendant cette fonction, il faut qu'il y ait un courant électrique vitré, dirigé du réservoir commun à ces tissus ; les nerfs remplissent ce but ; l'électricité vitrée conduite du cerveau par les nerfs , détermine l'analyse c'est-à-dire la décomposition du sang artériel et des principes constituant ces tissus , pour concourir ensuite à de nouvelles combinaisons ; chaque molécule qui provient du sang et des tissus dégage une électricité contraire ; la résineuse se combine avec la vitrée provenant du réservoir commun ; et la vitrée qui vient d'être mise à nu , va se porter sous le tissu cellulaire général soujacent à la peau, et est maintenue autour du corps par ce tissu qui est isoloir.

C'est cette neutralisation électrique, pour ainsi dire insensible, qui a lieu entre des parties extrêmement ténues , dans toutes l'étendue organique du corps , qui détermine cette action de pression continue sur le sang veineux et sur la lymphe résultats des phénomènes chimiques qui se sont passés dans l'assimilation, ce qui peut seul expliquer leur mouvement de retour vers l'organe central de la circulation , le poumon. On le concevra aisément lorsqu'on aura égard a ce que chaque fibrile dans laqu'elle vient de se passer l'acte électro-chimique, est enveloppée d'une membrane mince de tissu cellulaire, dont la propriété est isolante, et qui , dans cette circonstance , remplit l'office d'un levier. Le sang veineux qui vient d'être formé, ainsi que la lymphe, poussés par la force électrique et éprouvant de la résistance au moyen de ce tissu cellulaire , sont forcés de suivre l'impulsion qui les dirige dans chacun des vaisseaux ou conduits qui leur sont propres. Ces combinaisons chimiques servent aussi à développer la chaleur de tous le corps et à entretenir, comme nous l'avons déjà dit, la couche électrique soujacente au tissu cellulaire général.

Dans cette première section de l'assimilation , voilà donc les phénomènes qui ont lieu : 1° courant électrique établi du réservoir commun aux tissus par le moyen des nerfs ; 2° analyse et synthèse des principes du sang artériel et des principes constituant les tissus ; 3° nutrition des organes; 4° formation du sang veineux et de la lymphe ; 5° neutralisation électrique par la combinaison du fluide vitré provenant du réservoir avec le fluide résineux dégagé du sang artériel et des principes matériels des tissus pendant l'analyse et la synthèse. Le fluide vitré, degagé également des principes matériels des tissus et du sang artériel , est mis à nu et va former la couche électrique soujacente au tissu cellulaire général. La neutralisation des deux fluides détermine une force de pression dans tous les tissus du corps, force qui repousse le sang veineux aux poumons, pour être de nouveau oxigéné. Pendant cet acte , la lymphe produit des phénomènes chimiques est aussi portée dans la circulation par des conduits appropriés. 6° Enfin, chaleur développée pour tout le corps en général.

Dans la seconde section , nous nous occuperons de l'assimilation qui se fait dans tous le système de la membrane cutanée ; cette fonction a lieu dans cet organe, comme dans toutes les autres parties du corps, en vertu des mêmes lois, au moyen des mêmes phénomènes électro-chimiques; seulement , comme la peau est isolée de tout le corps par rapport au tissu cellulaire général, l'électricité vitrée mise à nue est perdue dans l'atmosphère ainsi que la chaleur développée ; le sang veineux et la lymphe sont portés dans la circulation pour être dirigés aux poumons en vertu des mêmes lois ci-dessus décrites, et les produits de la transpiration sensible et insensible sont rejetés au dehors.

Le changement de couleur du sang artériel qui de rouge devient noir, la lymphe qui est produite, la chaleur animale développée, prouvent que cette fonction est soumise à un acte chimique.

Lorsque les cholériques étaient cyanosés, et que tout l'extérieur de leurs corps était glacé, l'assimilation ne se faisait pas, ou se faisait à peine dans tous les tissus ; le sang veineux n'était alors reporté aux poumons que très lentement.

La faculté que les animaux à sang froid ont de vivre en ne respirant que très faiblement et à des intervalles très éloignées, démontre que chez ces animaux l'assimilation ne se faisant que très lentement, le retour du sang veineux s'opère de même aux poumons.

Ayant lié, sur un lapin vivant, l'artère et la veine iliaque, j'ai alors observé que la contractilité musculaire durait encore une minute ou deux environ, et que le membre, après un quart d'heure, devenait froid.

La peau, par ses rapports avec l'atmosphère, décharge l'électricité du corps, et, par ses fonctions d'excrétion, le débarrasse des principes matériels qui ont servi à l'assimilation.

De la digestion.

Nous avons parlé des organes digestifs et de leurs usages ; voyons maintenant si les divers phénomènes qui s'y passent appartiennent à la chimie et à la physique.

Les alimens introduits dans la bouche sont d'abord divisés par les dents, et imprégnés de salive dont la propriété est de dissoudre certaines substances, et de contribuer à en dissoudre d'autres, ce qui leur fait subir une préparation qui est utile pour leur future altération dans l'estomac. Parvenus dans cet organe, la stimulation qu'ils y produisent fait affluer le sang artériel dans ses vaisseaux, ce qui excite les glandes à sécréter à la surface interne stomacale un liquide d'un blanc grisâtre mêlé de floccons muqueux auquel on a donné le nom de suc gastrique. La quantité de ce liquide est en rapport avec l'excitation que produit l'aliment dans l'estomac, par exemple lorsque les substances sont des os, de la viande, du pain, du fromage, etc., elle est très abondante ; lorsque les substances sont très solubles, telles que la gélatine, la gomme, etc., elle est moins abondante. Le séjour des substances alimentaires dans l'estomac a donc pour but leur dissolution par le suc gastrique. MM. Tiedemann et Gmelin ont reconnu que l'eau qui se trouve dans le suc gastrique suffit pour dissoudre l'albumine liquide, la gélatine, l'osmazôme, le sucre, etc. Cette dissolution, favorisée par la chaleur, doit se faire très rapidement à une température de 36 à 37° cent. Les acides acétique et hydrochlorique égale-

ment contenus dans le suc gastrique dissolvent les alimens qui
sont insolubles dans l'eau, telles que la fibrine, l'albumine coagulée, le fromage, le gluten et la gliadiadine, le tissu cellulaire, les
membranes, les os, les cartilages, les tendons, etc.; Après avoir
subi dans l'estomac les altérations convenables, les alimens,
sous le nom de chyme, passent dans l'intestin grêle, et là ils se
mêlent avec le suc pancréatique, la bile et le mucus intestinal.
La bile, par les combinaisons chimiques qu'elle détermine, accélère le mouvement péristaltique, et apporte en outre les modifications suivantes dans le chyme. D'après MM. Tiedemann et
Gmelin, l'acide hydrochlorique provenant du suc gastrique et
contenu dans le chyme, décompose les carbonates et les acétates
alcalins de la bile, en s'unissant à leur base. Si le chyle contient
peu ou point d'acide hydrochlorique, mais seulement de l'acétique, ce dernier s'unit à la base du carbonate alcalin de la bile
et forme un acétate, et il reste dans le mélange de chyme et de
bile un acide libre qui est le plus souvent de l'acétique. Cet
acide resté dans l'intestin grêle, précipite le mucus de la bile,
une matière résineuse qui doit être celle de ce liquide. Ces substances sont rejetées avec le mucus intestinal comme matières
excrémentitielles. La bile, en vertu de sa composition chimique,
s'oppose à la décomposition putride des substances alimentaires.
On a vu chez les chiens, dont on avait lié le canal choledoque,
les excrémens être très fétides; les mêmes phénomènes ont lieu
dans l'ictère. Quant au suc pancréatique, il contribue à l'assimilation du chyle dans l'intestin; ce qui paraît le démontrer c'est
que les substances qui composent le suc pancréatique deviennent
de plus en plus rares à mesure qu'on descend dans l'intestin grêle.

Le mucus intestinal facilite la progression de la bouillie alimentaire dans l'intestin, sert à achever la dissolution de quelques
portions de substances nutritives, et contribue à la composition du chyle en lui fournissant ses parties aqueuses, ce qui est
démontré par sa consistance qui augmente à mesure qu'il descend vers la terminaison intestinale.

Enfin le mélange du chyme, de mucosités intestinales, de suc
pancréatique et de bile, devient de plus en plus consistant à mesure qu'il s'avance dans l'intestin grêle ; la membrane muqueuse
s'imbibe comme une éponge du liquide appelé chyle, afin que
l'action péristaltique et les contractions électriques forcent ce
fluide à prendre la direction des nombreux vaisseaux lymphatiques pour être dirigé dans le système veineux, et réparer les
pertes du sang en lui fournissant de nouveaux principes. Enfin,
dans le tiers de l'intestin grêle on commence à apercevoir la
bouillie excrémentitielle composée d'alimens non dissous, de
graisse, de résine, de matière colorante et du mucus de la bile;
parvenus au cœcum, les alimens non dissous qui ont résisté à
l'action des sucs gastriques et intestinaux achèvent d'être altérés
dans cet intestin, étant mis en contact avec les sucs qu'il sé-
crète. Enfin, lorsque la dissolution a eu lieu, le résidu insoluble

de la substance alimentaire composé, avec les mucosités intestinales qui sont alors très épaisses avec la graisse et la résine de la
bile, les excrémens qui passent par le gros intestins où ils vont
en s'épaississant de plus en plus, par rapport à l'absorption des
parties liquides, après quoi ils arrivent presque durs et compacts
dans le rectum pour être ensuite expulsés par l'anus.

Pour que ces phénomènes chimiques aient lieu dans le tube
digestif, il faut que ce soit en vertu d'une tension électrique; le
pneumo-gastrique conduit le fluide vitré à cet organe qui opère
la décomposition de l'aliment et des principes constituant les
sucs gastrique, pancréatique, le mucus intestinal et la bile. Dans
ses actes chimiques qui se succèdent à l'infini; il y a neutralisation électrique, le fluide vitré provenant du réservoir commun
se combine avec le résineux dégagé pendant l'acte chimique, et
l'électricité vitrée mise à nu, contenue par le péritoine, est reprise par le grand sympathique pour être reportée au réservoir;
les chocs continuels produits dans ces actes chimiques, par la
neutralisation des deux électricités, sont la cause des mouvemens péristaltiques et poussent en même temps le chyle dans
les vaisseaux chylifères, et par leur pression continue le dirigent dans le système veineux; il y a aussi de la chaleur de développée, etc.

Les substances les plus propres à la digestion sont celles qui se
rapprochent le plus de la nature de l'homme; et celles qui s'en
éloignent de plus en plus, deviennent de plus en plus impropres
à concourir à cette fonction. Dans le premier cas, le corps ne fournit aucuns principes de sa propre nature pour que cette fonction
puisse s'accomplir, tandis qu'au contraire dans le second, les substances introduites dans l'estomac s'emparent au dépend du corps,
des principes qui leur manquent, pour se rapprocher de la nature de
ce dernier et pouvoir être digérées; aussi ces substances peuvent-
elles alors déterminer des accidens tellement graves, que la mort
peut en être la suite. Ainsi la morphine, substance tirée de l'o-
pium qui, d'après l'analyse de MM. Pelletier et Dumas, est composée
de carbone 72,20, d'oxigène 16,66, d'hydrogène 6,24, et d'azote
4,92, étant introduite dans l'estomac comme nous le disions tout
à l'heure, s'empare au dépend du corps des principes qui lui manquent pour pouvoir être digérée; alors le carbone, l'hydrogène
et l'azote, dans leurs combinaisons avec l'oxigène du corps, fournissent de l'électricité résineuse qui neutralise l'électricité vitrée
de ce dernier, de sorte que si la quantité de cette substance introduite est peu considérable, la respiration s'élèvera pour s'emparer
d'assez d'oxigène et fournir assez d'électricité pour neutraliser
celle contraire. Les phénomènes chimiques qui ont lieu à la peau
seront alors nécessairement augmentés, de même que la circulation; mais au contraire, si cette substance est ingérée en
grande quantité, (l'oxigène fourni par la respiration n'étant pas
assez considérable), la circulation sera ralentie, puisqu'il n'y a
pas assez d'électricité vitrée pour neutraliser celle contraire et
produire cette force qui détermine les mouvemens circulatoires.
Le sang alors, n'arrivant que lentement aux poumons pour être

oxigéné, les fonctions de l'hématose s'anéantiront de plus en plus, de même que les phénomènes chimiques à la peau ; et l'individu périra asphixié.

Ainsi les substances narcotiques et narcotico-âcres qui contiennent le carbone, l'azote et l'hydrogène , en grande quantité , et très peu d'oxigène , s'emparent aux dépends du corps de l'oxigène qui leur manque et ne fournissent que de l'électricité résineuse pour lui enlever au contraire son électricité vitrée. Une chose très remarquable, c'est que la substance dont l'action est la plus violente sur l'économie , l'acide hydrocyanique est formé d'azote 54,02, et de carbone 47,98 ; l'introduction de ces deux principes élémentaires dans l'économie détermine donc la mort en développant le fluide résineux qui neutralise le fluide vitré du corps.

Ce qui prouve encore ce que j'avance , c'est que dans l'empoisonnement par les narcotiques, le meilleur contre-poison est une boisson acidulée avec le vinaigre, acide qui fournit de l'oxigène aux principes délétères ingérés dans l'estomac, pour qu'il se combine avec eux ; il y a alors production d'électricité vitrée qui neutrallise le fluide vitré du corps, et qui répare celle fournie par le réservoir commun au moyen du pneumo-gastrique.

L'oxide de zinc paraît avoir le même résultat que le vinaigre. Le Dr Bonifacio Chiovitti donna , dans une certaine quantité de son , trois drachmes d'oxide de zinc à une jument âgée de neuf ans , qui , par mégarde , avait avalée une demie-once d'extrait de belladone, et chez laquelle il y avait soubressaut des tendons, tremblement des muscles, respiration difficile , etc. Au bout de douze heures tout le trouble avait disparu ; cependant , ayant reparu de nouveau le cinquième jour, un autre scrupule d'oxide de zinc dissipa entièrement les accidens.

Lorsque de l'oxide arsénieux a été introduit dans l'estomac, que les tissus de cet organe sont altérés en se combinant avec lui, et que, par les principes constituant le chyle, cet agent délétère est porté dans les voies circulatoires ; si, avant que des désordres organiques soient déterminés , on fait avaler de l'oxide hydraté de fer, une amélioration presque subite se montre chez l'individu, et continue progressivement jusqu'à ce que tous les accidents disparaissent en quelques jours.

Voici des expériences barbares faites par M. W. Beaumont, sur un jeune homme qui avait une ouverture fistuleuse de l'estomac ; qui peuvent démontrer que les faits qui se passent pendant la digestion sont entièrement chimiques.

Un jeune homme de dix-huit ans reçut un coup de feu, la bale pénétra dans l'estomac ; la santé ne se rétablit chez lui qu'au bout d'une année après une abondante suppuration. Il conserva cependant une ouverture fistuleuse de l'estomac entre les 5me et 6me côtes. Cette disposition donna l'idée au Dr Beaumont de faire les expériences suivantes. Il introduisit dans l'estomac de ce jeune homme , par l'ouverture fistuleuse , les substances suivantes attachées à une certaine distance à un fil de soie : un morceau de bœuf-à-la-mode très assaisonné ; un morceau de bœuf salé maigre ; un morceau de lard salé ; un morceau de bœuf cru ; un morceau de bœuf bouilli ; du pain ; et enfin, un morceau de chou-blanc cru. La quantité de chacune de ces substances était d'environ quarante grains. Le jeune homme reprit ses occupations habituelles. Environ une heure après on retira les substances de l'estomac, et l'on trouva que le chou et le pain étaient plus d'à moitié digérés, mais la viande ne paraissait pas attaquée. On replaça le tout dans l'estomac, et au bout d'une autre heure le chou, le pain, le lard et le bœuf bouilli étaient complètement digérés et s'étaient séparés du fil de soie ; les autres morceaux étaient à peine altérés, on les remit dans l'estomac ; une heure après, le bœuf-à-la-mode était en partie digéré ; le bœuf cru était un peu ramolli à sa surface, mais à l'extérieur il conservait sa nature cellulaire et ne paraissait pas altéré. Les liquides de l'estomac avaient une odeur désagréable et une saveur un peu rance. Le jeune homme se plaignait de gêne et d'un peu de douleurs à l'épigastre. Les substances furent encore replacées. Au bout de la cinquième heure il se plaignit d'une grande oppression, d'une faiblesse générale, de nausées et d'un peu de mal de tête. Les morceaux de viande ne parurent guère plus altérés que deux heures auparavant. Mais les liquides contenus dans l'estomac étaient plus rances et avaient un goût âcre. On cessa l'expérience. Le lendemain nausées, mal de tête, constipation, pouls faible, peau seche, langue chargée, la surface interne de l'estomac est parsemée d'une multitude de petits points blancs qui semblent formés de lymphe coagulée épanchée. On introduit dans l'estomac, par l'ouverture fistuleuse, une demie-douzaine de pilules contenant quatre ou cinq grains de calomel. Trois heures après, elles produisent plusieurs selles abondantes. Quelques jours plus tard, après avoir fait jeuner le jeune homme pendant dix-sept heures, on introduisit dans son estomac le bulbe d'un thermomètre de Farenheit, en cinq minutes le mercure monta à 100° F. (37° 7 centigrades) et resta à ce point. Au moyen d'un tube de gomme élastique, on retira de l'estomac une once de suc gastrique pur : on l'introduisit dans un vase de verre de la capacité de trois onces, et on y plaça un morceau de bœuf salé du volume du petit doigt environ. L'appareil fut ensuite placé dans un vase de terre rempli d'eau à 100° F. (37° 7 cent.) et cette température fut entretenue au même degré au moyen d'un bain de sable. Au bout de quarante minutes, la surface du morceau de bœuf avait commencée à être attaquée ; dix minutes après, le liquide était devenu trouble et le tissu de la viande paraissait à l'extérieur ramolli et évidemment relâché ; à midi, c'est-à-dire une heure après le commencement de l'expérience, cette substance avait l'aspect d'une bouillie ; et à une heure, le tissu cellulaire semblait complètement détruit, et les fibres musculaires détachées les unes des autres, flottaient dans le liquide sous la forme de filamens très fins, courts, mous, blancs et très flexibles. A trois heures, elles étaient à moitié dissoutes ; à cinq heures, elles étaient presqu'entièrement décomposées, à l'exception de quelques unes que l'on appercevait encore ; enfin à sept heures, elles avaient

complétement disparu, et à neuf heures la solution était entièrement opérée. Le liquide gastrique qui au moment où
on le retira de l'estomac était clair et presque aussi limpide
que de l'eau, était alors mousseux et trouble; mis en repos
pendant quelques minutes, il laissa déposer un résidu d'une
couleur de chair. Au même moment où l'on commençait l'expérience précédente, on introduisit dans l'estomac par l'ouverture fistuleuse, un morceau de viande exactement pareil à celui
qu'on avait placé dans le suc gastrique. Au bout d'une heure il
paraissait presque aussi altéré que ce dernier, et son aspect était
à peu de chose près le même. On le replaça dans l'estomac et au
bout de la seconde heure il était dissous et détaché du fil de soie.
L'action du suc gastrique sur le bœuf a été exactement la même
dans l'estomac et dans le vase de terre; seulement elle a été plus
prompte dans le premier cas. Dans l'une et l'autre circonstance,
l'altération a commencée à la surface et s'est propagée par couches successives. L'agitation favorisait la dissolution dans le vase
de verre, en détachant la couche réduite en pulpe et en facilitant
ainsi l'action du fluide dissolvant sur la couche sous-jacente non
encore altérée. Les liquides, résultats de ces expériences, furent
gardés pendant un mois dans des vases hermétiquement fermés;
ils n'offrirent alors aucune odeur ni aucun mauvais goût, ils
n'étaient pas acides.

Le jeune homme malheureusement, ajoute l'auteur, s'est soustrait par la fuite, et il n'a pu continuer des recherches que l'on
peut sans crainte taxer d'immorales.

Les soins qu'a pris la nature pour envelopper les organes digestifs, d'une membrane séreuse dont les principales fonctions
sont d'être isoloir, prouvent que c'est dans le but de reprendre
l'électricité mise à nu pendant les actes chimiques, et que cette
électricité doit être vitrée puisque le fluide qui est conduit par le
nerf pneumo-gastrique est de cette nature.

Historique de la circulation.

Faire l'histoire complète de la circulation, exigerait le
cadre d'un grand chapitre; c'est pourquoi je me propose de ne
faire ici qu'une analyse rapide afin d'être le plus bref possible.

Les lois qui président aux phénomènes de la circulation du
sang ont toujours été considérées comme les plus importantes
dans l'histoire naturelle de l'organisation de l'homme. Car la vie
n'est entretenue que par le contact de ce fluide, avec tous
les organes de l'économie, qui, en se dépouillant des matériaux
destinés à l'assimilation, en reprend d'autres, soit qu'ils pro-
viennent du dehors, ou bien qu'ils soient déposés dans les différens tissus pour être emportés par lui dans le torrent circulatoire, ce qui entretient dans tous les organes une transmutation
continuelle de principes.

Les lois de la circulation du sang ont jusqu'à ce jour été en-
veloppées des ténèbres les plus épaisses; nous allons donc rap-
porter les divers systèmes mis au jour par ceux qui ont écrit
sur la circulation de ce fluide.

L'opinion la plus ancienne, celle de l'école d'Alexandre, était que les veines recevaient le sang du cœur, pour le porter à la périphérie du corps, où se rendait aussi par l'intermédiaire des artères l'air respiré par les poumons. Galien réfuta cette supposition, en démontrant que les artères chariaient également du sang, et qu'à l'aide des valvules du cœur, l'aorte poussait le sang à la périphérie, où par le moyen des anostomoses, il passait dans les veines et retournait par celles-ci au cœur. Il prétendit en outre que le sang devait être chassé du cœur droit à travers les artères pulmonaires aux poumons et rapporté par les veines pulmonaires au cœur, pour être de nouveau chassé dans le corps. Mais, soit que ces indications éparses çà et là, dans les ouvrages de Galien, n'eussent pas été remarquées, soit qu'elles ne prévalurent pas, on se rangea toujours à l'opinion de l'école d'Alexandrie, jusqu'à ce qu'enfin Harvey vint représenter l'opinion de Galien modifiée : puisqu'il distingua une grande circulation ayant lieu entre le cœur et le corps, et une petite circulation entre le cœur et les poumons. Depuis, Haller, Spallanzani, Legallois, MM. Parry, Magendie, etc., se sont plus ou moins rangés complètement à l'opinion d'Harvey, que le cœur était l'agent de toute circulation sanguine.

D'autres, tels que Pecquet, Th. Bartholin, Bohn, Senac, Zimmermann J. Hunter, Sœmmering, Hastings, Béclard, E. Home, MM Wilson Philip, Tiedemann, etc., ont pensé que le cœur ne possédait pas seul la force motrice qui fait marcher le sang, que la tunique fibreuse des artères concourait aussi par sa contractilité à la progression de ce liquide.

Bichat, Darwin, Mekel et M. Richerand nient que les grosses artères, aient une contractilité vitale et refusent à ces vaisseaux toute participation active à la circulation, tandis qu'au contraire les vaisseaux capillaires possèdent une force de contraction propre en vertu de laquelle ils pompent et font marcher le sang qui, parvenu jusqu'à eux, ne peut plus être soumis qu'imparfaitement à l'action du cœur.

Enfin MM. Carus, Treviranus, Dollinger, Œsterreicher, Kaltenbrunner, soutiennent que ni les artères, ni les vaisseaux capillaires ne participent d'une manière active à la circulation, mais que celle-ci a lieu par les contractions du cœur, et en vertu du mouvement qui existe dans le sang lui-même; car d'après ces messieurs, les globules qui composent le sang ont une propriété innée, naissant du mouvement, ils ne peuvent exister que par le mouvement; enfin, ces globules ont une vie propre et une activité spontanée.

Les anciens chez lesquels les connaissances anatomiques étaient très peu avancées, ont dû être frappés des battemens du cœur, en sentant la commotion qui a lieu, dans ce confluent, dans ce centre de réunion des deux systèmes de vaisseaux artériels et veineux, dont les parois offrent une grande épaisseur, une élasticité remarquable et une capacité assez grande pour contenir la quantité de sang artériel et veineux, l'une qui vient du poumon et l'autre qui est poussée vers cet organe (le cœur) suspendu dans la poitrine à l'extrémité de plusieurs gros vaisseaux élastiques. C'est donc à ce mouvement qu'ils ont attribué la force motrice du sang. Depuis, cette opinion a toujours prévalu ; mais la cause du mouvement ?

Harvey et ses disciples ont pensé sans doute avoir résolu le problème, en jetant encore un voile plus épais sur la cause de cette commotion ; ils ont avancé que ce mouvement régulier était dû à une action vitale du cœur, expression qui n'explique rien, car peut-on concevoir ce que veut dire dans ce cas action vitale ; le cœur a-t-il une vie propre, une vie à lui ? Jusqu'à ce jour l'opinion a été générale, que c'est à l'action vitale du cœur qu'est dû le passage du sang des artères dans les veines, que l'action vitale du cœur agit sur le sang comme le piston d'une seringue fait marcher le liquide que l'on injecte. Mais si c'est le cœur qui est la cause du passage du sang des artères dans les veines, pourquoi le même phénomène d'oscillation, les mêmes battemens que l'on remarque également dans les artères, n'ont-ils pas également lieu dans les veines ? Si, comme la plupart des anatomistes le prétendent, les veines font suite immédiatement aux artères. Si c'est par l'impulsion du cœur que la colonne non interrompue du sang est poussée de ces premiers vaisseaux dans les seconds, nécessairement cette commotion à laquelle on a donné le nom de pulsation, devrait avoir lieu pour l'un comme pour l'autre système de vaisseaux ; car M. Poisseul, avec son hémodynamomètre, a démontré que la pression exercée à l'intérieur des artères était la même dans toute leur étendue.

MM. Dollinger, Kaltenbrunner, à l'aide d'études microscopiques, avancent que les vaisseaux capillaires se terminent dans les tissus en formant des courans sanguins dépourvus de parois simplement creusés dans la substance même de l'organe où ils se trouvent, de manière que les globules sanguins n'éprouvent aucun obstacle pour pénénétrer dans la matière animale. Cette opinion viendrait expliquer comment l'assimilation se fait dans les organes, comment le sang artériel de rouge qu'il était devient noir, comment dans l'inflammation les parties qui sont blanches dans leur état normal, peuvent se colorer en rouge ; comment, dans certaines hémorrhagies, le sang peut s'exhaler au-dehors ; enfin, comment le sang veineux se charge par l'absorption de principes qui lui sont étrangers. On a cherché, par des injections, à démontrer la communication des artères avec les veines ; M. Magendie a fait passer des substances irritantes des artères dans ces dernières. Mais ces injections ne peuvent pas prouver la communication des artères avec les veines, car comme elles sont faites sur des cadavres, les tissus parcourus par les liquides étant sans vie, il ne peut y avoir qu'effet mécanique produit par le piston de la seringue. De plus, ces injections ne pourraient-elles pas pénétrer des artères dans les courans sans parois observés par Dollinger et de là être poussées dans les veines ?

La tunique fibreuse des artères ne peut concourir par ses conractions au mouvement de la circulation, car jamais Mascagny

n'a pu apercevoir, à l'aide du mycroscope, des fibres muscu-
leuses dans la tunique des artères. Cuvier et Nysten, en examinant cette même membrane chez l'éléphant, ne l'ont pas non
plus rencontré. Yong et Berzelius ont démontré par des expériences chimiques que les tissus artériels ne contiennent pas de
fibrine, et que ces vaisseaux se putrifient plus lentement que les
muscles. Quant à la contractilité artérielle, Verschuir a excité
des contractions à l'aide de substances chimiques, et notamment
en mettant en contact les artères avec des acides minéraux;
mais il n'a jamais produit cet effet par d'autres moyens d'excitation. Il est hors de doute que ces prétendues contractions n'é-
taient dues qu'à une altération de texture de ces vaisseaux, ce
qui produisait chez eux une espèce de racornissement, comme
me l'ont démontré les mêmes expériences que j'ai répétées. Quant
aux contractions de l'aorte, obtenues à l'aide de l'électricité, je
n'ai pu jamais les produire en agissant sur ce vaisseau préalable-
ment isolé des muscles voisins.

La sensibilité, la contractilité qui existent dans les vaisseaux
capillaires, d'après Bichat, Darwin, M. Richerand, ne peut être
admise, à moins de croire qu'il existe des effets sans cause. Car
c'est éviter d'expliquer la cause qui fait remonter le sang veineux
au cœur que d'attribuer à ces petits vaisseaux une force de contraction qui pompe et fait marcher le sang.

Peut-on admettre comme le pensent MM. Treviranus, Carus,
Dollinger et Kältenbruner que les globules du sang sont des corps
parfaitement organisés, qui possèdent une mobilité innée et ont
la disposition de se mouvoir vers un point central qui est le
cœur? Si les globules sanguins avaient une mobilité innée, leur
mouvement serait toujours le même pendant la vie et ne cesserait
pas même après la mort.

M. Magendie pense que la pression exercée par le sang contre
les parois artérielles, reconnaît trois sources principales, le
volume du liquide, la contraction du cœur et les mouvemens respiratoires. Je partage entièrement l'opinion du grand physiolo-
giste quant à l'action produite par le volume du liquide, pour ce
qui concerne la contraction du cœur, je pense que cet organe
ne se contracte que pour opposer une résistance aux colonnes
de sang artériel et veineux, qui sont chacune soumise à une
force, l'une saccadée qui se développe dans les poumons et
l'autre de pression continue qui se développe également dans
tous les tissus pendant l'assimilation. Alors la contraction du
cœur a pour but seulement d'augmenter la vitesse du sang artériel, qui se rend aux tissus du corps, et celle du sang veineux
depuis cet organe (le cœur) jusqu'aux poumons. Enfin les mouvemens respiratoires considérés comme moyen de pression, ne
peuvent être admis. Les expériences de Baruel et de M. Clanny
pendant le choléra, ont démontré que cela était impossible puisqu'alors, malgré que l'air atmosphérique était introduit dans les
poumons, la respiration était imparfaite, à la vérité les fonctions
de l'hematose ne se faisaient pas ou se faisaient à peine; cependant
dant il y avait toujours pression par l'air introduit dans les pou-

mons; enfin dans ce cas, tous les gaz, quoiqu'impropres aux fonctions de la respiration, pourraient produire une pression et seraient aptes à faire mouvoir le sang, et pourtant on a la certitude du contraire, puisque certains gaz produisent l'asphyxie.

Le docteur Bary a émis l'opinion que la principale force motrice du sang depuis l'origine des veines jusqu'au cœur, est la pression atmosphérique. Comment supposer qu'une force, qui n'agit que sur l'extérieur du corps, puisse imprimer le mouvement de retour du sang veineux ?

Que la circulation n'est pas sous l'influence du cœur organe presqu'entièrement passif dans cette fonction, mais qu'elle ne dépend uniquement que de la respiration, de l'assimilation et de la digestion.

Le cœur ne peut être la cause du mouvement du sang, car s'il était la cause du mouvement de ce fluide, il présiderait également à l'accomplissement des fonctions de tous les organes du corps, fonctions qui sont entièrement sous la dépendance de la circulation ; et avec toute la bonne volonté possible, je ne puis concevoir comment on a pu penser qu'un si petit organe puisse être la cause d'une si grande force, que celle qui entretient toutes les fonctions de l'organisme entier.

Avec une pareille manière de voir il m'a donc fallu chercher ailleurs que dans cet organe la loi à laquelle la progression du sang est soumise. En passant en revue les phénomènes chimiques qui ont lieu dans la respiration, l'assimilation et la digestion j'ai cru ne pas m'écarter de la vérité en déduisant de l'acte électrochimique de ces trois fonctions la cause du mouvement en sens contraire du sang artériel et veineux. J'ose même me flatter que j'ai été assez heureux pour trouver, dans cette déduction, la vraie loi qui fait marcher ce fluide, puisque j'explique mathématiquement non seulement la marche du sang artériel, mais encore ce que personne n'a jamais fait, le retour du sang veineux aux poumons.

Quant aux contractions du cœur pendant cette fonction, elles ne sont produites que par les deux colonnes de liquides qui arrivent en sens contraires, l'une par un jet saccadé, l'autre par un jet continu; la pression de ces deux colonnes agissent sur cet organe en l'excitant comme agit la main de l'accoucheur introduite dans la matrice. Le cœur alors en se contractant autour d'elles par la résistance qu'il oppose augmente nécessairement leur vitesse en sens inverse. De sorte que pendant l'action électrique du poumon, l'ondée de sang artériel projettée avec vivacité, dilate fortement la veine pulmonaire ainsi que le cœur gauche ; par cette dilatation le cœur droit est comprimé, ce qui suspend pour un instant la progression de la colonne du sang veineux qui reprend son cours avec plus de force, lorsque l'action qui poussait le sang artériel a cessée, ce qui dilate a son tour le cœur droit, l'artère pulmonaire, comprime le cœur gauche et fait pénétrer le sang veineux plus rapidement dans les poumons. Les battemens du cœur ne tiennent pas à d'autres causes qu'à la force de ces deux colonnes de sang poussées en sens contraire, et à la résistance du cœur, confluent des deux systèmes sanguins, suspendu dans la poitrine à l'extrémité de gros vaisseaux élastiques.

Le mouvement du sang artériel d'après ma manière de voir n'a donc lieu qu'en vertu de la commotion électrique résultat des phénomènes chimiques, qui se passent dans le poumon.

Le retour du sang veineux ne s'opère également qu'en vertu d'une action électrique très tenue, qui a lieu dans tous les organes du corps, pendant l'acte d'assimilation. Les particules de sang veineux et de lymphe produites pendant cette fonction, se trouvant poussées continuellement par cette force qui se renouvelle à chaque instant, et éprouvant une résistance au moyen du tissu cellulaire qui enveloppe chaque fibrile, sont forcées, comprimées sans cesse par d'autres produits de même nature qu'elles qui leur succedent, de se diriger dans le sens que leur imprime la force qui les pousse. Les dispositions anatomiques de l'artere et de la veine pulmonaire viennent, d'elles mêmes, donner du poids à cette opinion. Ainsi la veine en livrant seulement passage à l'ondée de sang artériel qui vient d'être oxigénée se trouvant vide immédiatement après la projection de cette ondée, n'a pas besoin d'offrir autant de solidité et de résistance que l'artère qui est distendue par la colonne de sang veineux refoulée dans le cœur droit, et dans cette artère elle-même par la dilatation du cœur gauche, qui a pour mission de livrer passage au sang artériel; et qui de plus se trouve dilatée par le refoulement de cette colonne, refoulement qui est produit par la résistance des organes pulmonaires dans l'intérieur desquels elle tend à s'introduire.

Quant à la digestion, le but de cette fonction consiste à rendre au sang les principes qu'il a perdus, pendant l'assimilation, afin qu'il présente toutes les conditions nécessaires pour concourir à l'hematose et qu'il puisse entretenir de nouveau l'assimilation.

Voici deux expériences qui peuvent démontrer que le cœur n'a aucune action sur la circulation.

Après avoir attaché un lapin sur une planche, de manière à ce qu'il ne fît aucun mouvement, je lui ouvris la poitrine afin de mettre le cœur et les vaisseaux à découvert. Ayant enveloppé et lié au moyen d'une ligature, les veines, les arteres pulmonaires et les veines caves supérieures et inférieures, le cœur avait encore un mouvement oscillatoire, j'enlevai aussitôt cet organe avec des ciseaux, l'extrémité de la veine pulmonaire au-dessus de laquelle se trouvait placée la ligature avait un léger mouvement oscillatoire. N'ayant pu constater si ce mouvement avait lieu également dans les veines caves supérieures et inférieures, puisque le lapin mourut à la fin de cette remarque importante; je réitérai la même expérience sur un autre lapin, et enlevai le cœur avec des ciseaux aussitôt la ligature posée; la veine pulmonaire alors donna cinq à six mouvemens pulsatoires, qui s'éteignirent graduellement, et il y avait comme une force, comme une action de pression aux veines caves supérieures et inférieures qui exista au moins une ou deux minutes de plus que les mouvemens pulsatoires remarqués à la veine pulmonaire. Ce qui me fit conclure que le sang veineux circulait en

core après que tout mouvement du sang artériel avait cessé.
Les maladies du cœur viennent encore appuyer cette opinion.
Dans l'hypertrophie du ventricule gauche ou droit, les deux
colonnes de sang artériel ou veineux éprouvant dans chacune
de ces maladies une plus grande résistance due à l'épaississe-
ment et au peu de capacité de l'une ou l'autre cavité ventricu-
laire, font ressentir au cœur une impulsion bien plus forte
et lui impriment ce mouvement développé qui caractérise
cette maladie. Dans la dilatation, la mollesse du pouls, les palpi-
tations du cœur qui sont faibles et sourdes, et comme rentrées,
n'annoncent-elles pas que (le cœur n'offrant plus puisqu'il ne
peut plus se contracter autant de résistance que dans l'état de
santé), n'annoncent-elles pas, dis-je, que la force d'impulsion
se perd par la molle résistance qu'elle éprouve à cet organe;
ce qui peut expliquer ce mouvement de progression moins actif
et moins rapide.

De la vitesse de la circulation.

D'après le nombre des pulsations du pouls qui est de 64 par
minute, et de celui des mouvemens respiratoires du poumon
qui est de 18 également par minutes, on pourrait établir la
proportion suivante entre les mouvemens du sang artériel et ceux
du sang veineux; comme le sang artériel parcourt soixante-quatre
fois par minute les vaisseaux qui lui livrent passage et que le
sang veineux a besoin d'arriver au poumon pour alimenter les
fonctions de ce dernier; le mouvement de retour de ce fluide doit
être nécessairement égal à la vitesse de la respiration. En conséquence, le mouvement du sang artériel est donc de 3,555 fois
plus rapide que le mouvement de retour du sang veineux au poumon. De sorte que chaque commotion déterminée par les phénomènes chimiques du poumon faisant parcourir d'un seul jet,
d'une seule fois, l'ondée de sang artériel, dans tous les conduits
qui lui sont propres, afin de la faire parvenir dans le système de
vaisseaux capillaires, (ce qui le démontre, c'est que toujours les
artères sont vides de sang après la mort, excepté dans les affections du cœur,) et imprimer ensuite par l'impulsion qu'elle transmet à l'ondée qui la précède, la progression dans toutes les di-
rections de ces petits vaisseaux pour faire pénétrer les globules
sanguins dans les tissus et alimenter les phénomènes électro-
chimiques qui entretiennent leur nutrition. On pourrait alors en
conclure que la fonction d'assimilation fournit pendant ces 3,555
de fois assez de sang désoxigéné et de lymphe, et la digestion
assez de chyle, pour que le mouvement de retour du fluide veineux puisse avoir lieu dans le poumon, afin d'entretenir l'hématose. Le mouvement de retour du sang veineux sorait donc égal
en vitesse aux mouvemens respiratoires, par conséquent 3,555
de fois moins rapide que celui du sang artériel.

*Que la chaleur animale du corps, dans tous les climats, dépend
entièrement de la compacité de l'air atmosphérique et de la nature
des alimens.*

Plus le froid est considérable, plus l'air est compact et plus il y a d'oxigène de respiré par les poumons. Ensuite le corps perdant alors beaucoup de calorique à sa périphérie, a besoin de réparer les pertes continuelles qu'il fait. Aussi dans ce cas, la circulation est-elle plus active afin de fournir le sang artériel à l'assimilation qui se fait aussi plus activement partout le corps. Les phénomènes chimiques étant augmentés, le retour du sang artériel se fait également plus vite, pour qu'une plus grande quantité de ce liquide soit soumise à l'hématose. Ce qui vient à l'appui de cette assertion, c'est que plus la poitrine a d'étendue et de capacité chez les animaux plus ils maintiennent leur chaleur naturelle, résistent au froid et conservent de vivacité.

Il arrive cependant un terme où la nature combat vainement contre la réfrigération. Si toute la surface du corps est frappée d'un froid rigoureux et si les phénomènes chimiques du poumon ne peuvent pas fournir assez de sang artériel à l'assimilation, la partie soumise à l'action du froid devient violette, perd sa sensibilité et est frappée de gangrène. L'individu engourdi, sent tous ses membres se roidir, bégaye et se livre au sommeil qui précède de bientôt la mort.

Si l'air chargé d'oxigène augmente la force circulatoire ainsi que la chaleur du corps, le régime animal tend également au même but. Ainsi en étudiant la manière de vivre des peuples septentrionaux, nous verrons avec quelle voracité ils consomment des quantités énormes d'alimens et qu'ils font plutôt usage de viandes dans la nécessité où ils se trouvent de lutter constamment contre l'action du froid. Leurs boissons sont également composées de liqueurs spiritueuses et fermentées ; les Groënlandais et les Samoïèdes ne se nourissent que de poissons qui déjà ont éprouvé un commencement de fermentation. Un régime si excitant serait mortel pour les peuples des pays chauds, tandis qu'au contraire l'habitant du nord jouit d'une santé très robuste et meurt souvent à un âge très avancé, malgré l'usage immodéré qu'il peut faire de boissons spiritueuses et d'une alimentation excitante.

La chaleur du corps ne peut pas augmenter de beaucoup dans une température de chaleur élevée, parce que dans ce cas l'air étant raréfié ne contient que très peu d'oxigène et que le corps ne perdant pas beaucoup de calorique, il n'a pas besoin par la même raison de réparer beaucoup. Aussi la circulation est-elle plus lente et moins élevée que lorsque l'individu se trouve soumis à une température froide. Si la chaleur atmosphérique dans laquelle serait plongé l'individu était de plusieurs degrés au dessus de la chaleur du corps, les phénomènes chimiques qui ont lieu dans le tissu de la peau, seraient nécessairement augmentés et il y aurait alors beaucoup d'électricité vitrée de perdue dans l'atmosphère, et comme les phénomènes chimiques du poumon ne pourraient pas fournir assez d'oxigène au sang et réparer l'électricité fournie par le réservoir pour entretenir les phénomènes cutanés. Tout le fluide du corps serait bientôt consommé et si l'individu n'était pas soustrait à l'influence de cet état atmosphérique, la circulation se trouverait anéantie et il périrait asphixié.

En étudiant aussi le régime de l'habitant des pays chauds, nous voyons qu'il préfère une alimentation végétale et des boissons rafraîchissantes, simplement aqueuses et légèrement acidulées ; la sobriété est pour lui très facile et il peut aisément supporter un très long jeûne, sans que pour cela sa santé en soit altérée ; et cela se conçoit lorsque l'on considère que n'éprouvant pas autant de pertes de calorique, il n'est pas forcé de compenser, par une alimentation excitante, l'influence du froid.

D'après ce que je viens d'exposer, la respiration, l'assimilation et la digestion sont donc trois fonctions nécessaires pour maintenir la chaleur animale. La première en équilibrant par l'oxigène qu'elle fournit au sang les pertes de caloriques que le corps ressent par rapport à l'atmosphère qui l'entoure. La seconde, en multipliant ses phénomènes chimiques afin de produire beaucoup de calorique et renvoyer plus promptement le sang veineux aux poumons. La troisième enfin, en réparant les pertes qu'éprouve le sang par le conflit plus rapide de ses principes constituants avec ceux des tissus.

Du mouvement.

Les mouvemens s'exécutent à l'aide de deux organes que l'on a distingués en actifs et en passifs ; les premiers sont les muscles, les seconds, les os.

Lorsque le corps a besoin d'exécuter un mouvement, le sang artériel qui circule vers le muscle qui doit concourir à son action cède son oxigène afin d'entretenir les phénomènes d'assimilation qui doivent avoir lieu ; un courant électrique s'établit du cerveau à cet organe, par le moyen du nerf, de manière que les deux électricités, en s'attirant, contractent la fibre musculaire qui se trouve placée entre deux forces, l'une qui est au cerveau et l'autre à la couche électrique contenue par le tissu cellulaire général ; le muscle alors se raccourcit, devient plus épais, plus dur et plus dense ; ses fibres se plissent en zig-zag dans toute leur étendue, de telle sorte que les sommets des sinuosités qu'elles forment sont toujours les points où les filets nerveux (par le fluide qu'ils transmettent) coupent ces fibres à angle droit, c'est donc la direction sinueuse donnée à ces fibres qui constitue la contraction. Si les mouvemens musculaires sont prolongés le tissu musculaire se gonflera, il y aura de la chaleur de développée, deux actes importans sont le résultat de ces phénomènes chimiques, l'augmentation de la fonction respiratoire et de l'assimilation des différens principes du sang au tissu musculaire, ce qui entretient sa nutrition ; aussi les muscles sont-ils plus ou moins développés d'après les mouvemens qu'ils exécutent. Si les mouvemens sont légers il n'y aura chez l'animal qu'une transpiration insensible, tandis qu'au contraire, s'ils sont prolongés et fréquens, il y aura une abondante excrétion de principes constituans la transpiration sensible ; dans le premier cas, la respiration s'élèvera à peine, tandis que dans le second, la respiration sera plus développée pour fournir assez d'oxigène à l'hématose et la circulation sera aussi nécessairement augmentée pour entretenir l'assimilation qui sera aussi plus active, ce qui déterminera une sueur abondante chez l'individu qui exécutera ces mouvemens. Les athlètes, les coureurs. les hommes de peine, qui ont besoin de consommer une grande quantité d'électricité, respirent précipitamment afin d'oxigèner le plus de sang possible, pour entretenir les phénomènes chimiques dans les muscles, ou les mouvemens ont lieu et développer en même temps assez d'électricité pour les contractions musculaires ; aussi voit on en peu de temps ces individus être en sueur, et comme ils perdent beaucoup, ce qui diminue promptement les principes contenus dans leur sang, le besoin de l'alimentation se développe chez eux en raison des pertes qu'ils sont obligés de faire.

Lorsque la cause qui détermine la contraction cesse d'agir, le muscle chargé résineusement se trouvant entre deux forces, l'une qui existe au cerveau et l'autre sous le tissu cellulaire général, revient à sa disposition primitive, attiré en sens contraire par les deux forces opposées. J'ai vu souvent, principalement chez les femmes, à la suite d'une forte impression ou bien d'une saignée, les extrémités se refroidir, la circulation ne se faisant qu'avec peine dans ces parties, les muscles se rétracter et des crampes avoir lieu : ces mêmes phénomènes ont été remarqués aussi dans le choléra ; il est probable que la rétraction des muscles (crampes) est due, dans cette maladie, à ce que les phénomènes chimiques et physiques qui produisent la chaleur animale à la périphérie du corps n'ont plus lieu, la circulation étant pour ainsi dire anéantie ; la couche électrique sous-jacente au tissu cellulaire général n'est plus entretenue et les muscles qui sont électrisés résineusement sont attirés par le fluide vitré existant au cerveau :. ce qui prouverait que cet organe n'aurait pas seulement pour mission de diriger le fluide vitré afin d'entretenir les fonctions des organes , mais encore de maintenir, conjointement avec la couche électrique périphérique, la position des muscles lorsqu'ils ne remplissent pas leurs fonctions contractives. Ainsi les convulsions musculaires qui ont lieu dans les différentes maladies, sont le résultat de ce que la force qui existe au cerveau l'emporte sur celle de la périphérie du corps ou la résistance cesse d'avoir lieu.

Des sensations qui indiquent certains besoins réparateurs tels que la faim, la soif et le sommeil.

La sensation de la faim qui a son siége dans l'estomac, est sans doute causée par le manque de principes chyleux à la suite d'un jeûne dans les voies digestives, et probablement en ce que les membranes muqueuses du tube intestinal sont attaquées par les sucs gastriques et intestinaux pour fournir les principes qui manquent au sang ; ce qui pourrait le faire croire, c'est que lorsqu'un individu succombe à la suite de la faim, on trouve son estomac enflammé et ulcéré.

La soif existe pendant les grandes chaleurs ou bien est produite par des exercices du corps, qui nécessitent des mouvemens prolongé qui font perdre à ce dernier beaucoup de principes constituans la sueur, qui prive le sang de sa fluidité. On pourrait en déduire que cette sensation est produite dans le tube digestif par le chyle qui moins fluide s'emparerait dans ce cas des principes liquides des sucs gastriques pancréatiques et des mucus intestinaux, ce qui exciterait la muqueuse du canal alimentaire.

Le sommeil a pour but de réparer le fluide électrique du corps; ce qui le démontre c'est que pendant cet acte la respiration, l'assimilation et la digestion s'exécutent, tandis que la communication des sens avec les objets extérieurs ainsi que les mouvemens musculaires sont interrompus.

L'action du sommeil déterminé par le froid vient encore appuyer mon opinion. Dans ce cas, les phénomènes chimiques de la périphérie du corps sont augmentés pour résister à l'action de la température qui s'empare du calorique de ce dernier et lui fait dépenser beaucoup de fluide électrique. L'introduction, dans l'estomac, d'une substance narcotique, qui en se combinant avec cet organe, dégage de l'électricité résineuse, neutralise la vitrée fournie par le réservoir commun, sans lui en restituer d'autre; la chaleur qui, par une cause tout-à-fait contraire au froid, excite les phénomènes chimiques à la peau et décharge le réservoir de son fluide, viennent aussi la corroborer.

Ainsi, le sommeil aurait donc pour but, en interrompant les mouvemens musculaires et la communication des sens avec les objets extérieurs, de réparer le fluide électrique vitré (puisque pendant qu'il a lieu il n'y a que de l'oxigène introduit dans le corps au moyen de la respiration) dépensé, soit par un violent exercice du corps, ou bien par l'action d'un froid violent, d'une chaleur excessive, ou d'un narcotique ingéré dans le tube digestif.

De la sensibilité.

Rechercher la cause de l'intelligence dans ce travail, n'entre aucunement dans mes idées; mon intention n'étant que d'étudier les fonctions de tous les organes, je me borne uniquement à celles qui peuvent être comprises par le secours des sens et par induction des faits avérés.

La structure de l'encéphale est connue, ainsi que tout le reste de l'appareil nerveux; mais probablement l'on ignorera toujours comment se comporte le cerveau lorsqu'il agit, c'est-à-dire pendant la perception des sensations, la formation des idées et l'acte de la volonté. Nous savons, cependant, que cet organe exécute les différentes fonctions de l'intelligence, et qu'il préside au mécanisme de la vie, que les nerfs sont conducteurs de l'électricité et qu'ils lui transmettent les impressions des sensations.

Nous n'ignorons pas aussi que les maladies du cerveau et des nerfs empêchent la liberté d'action de l'esprit humain, troublent les fonctions de la vie végétative ainsi que la perception des sensations.

Ce n'est donc que sur le mode de stimulus du cerveau, et sur la manière d'agir du système nerveux que je porterai toute mon attention dans ce chapitre, laissant aux croyances et aux psycologistes à s'occuper si ces organes ne sont que les instrumens de l'âme.

La sensibilité étant une propriété qu'ont certaines parties des corps organisés et vivans, de percevoir les impressions des corps extérieurs, et de produire en conséquence des mouvemens proportionnés au degré d'intensité de cette perception ; cette sensibilité étant due au choc électrique déterminé par la neutralisation des deux fluides produits en vertu du contact des deux corps : on pourrait être porté à croire que ce choc repousse la couche électrique soujacente au tissu cellulaire, et celle qui est contenue entre le névrilemme et le nerf (couche qui doit exister depuis la terminaison de ce nerf dans l'organe où il préside jusqu'à son point de départ du réservoir commun) afin de communiquer au cerveau l'impression de contact, d'après la force plus ou moins grande qui la produit ; cette opinion pourrait être fondée à plusieurs égards en ce que la transmission des impressions sensoriales au cerveau, et celles des volontés aux organes musculaires se fait avec une rapidité comparable à celle du fluide électrique parcourant des conducteurs métalliques. Le point du cerveau où l'action de mouvoir un organe musculaire est perçue, doit attirer à lui l'électricité, ou peut-être est-il lui même le siége de phénomènes chimiques et d'une action électrique qui transmet l'impresssion de mouvoir aux muscles par la même cause que je viens d'expliquer ?

La sensibilité serait donc due aux phénomènes chimiques qui se passent pendant le contact d'une partie du corps avec un autre corps étranger (phénomènes qui n'ont lieu que par l'action d'un courant électrique provenant du cerveau dirigé par les nerfs aux organes du corps ou une action quelconque se passe), de sorte que la cause première de la sensibilité serait la neutralisation des deux fluides par laquelle un choc est produit ; ainsi les nerfs et le cerveau ne détermineraient pas la sensibilité, mais seulement percevraient l'action qui la produit : la preuve en est dans l'inflammation des membranes séreuses ou la douleur est excessive tandis qu'au contraire dans l'inflammation du cerveau il n'y a plus perception des impressions, ni des sensations.

M. Charles Bell a le premier signalé dans la moelle épinière des faisceaux affectés aux nerfs des mouvemens et de la sensibilité. Les expériences de M. Magendie sont venues confirmer cette opinion ; MM. Flourens, Calmeil et Jobert coupèrent en travers les faisceaux postérieurs du prolongement rachidien ; ils interceptèrent, au dessous de la section, le mouvement et la sensibilité ; MM. Calmeil et Jobert ont également irrité à plusieurs reprises et avec force les faisceaux antérieurs de cet organe sur des chèvres et des agneaux ; ces animaux n'ont pas crié, n'ont pas fait de mouvemens et n'ont pas même paru s'appercevoir de ces irritations ; ils ont donc conclu de ces expériences que la face postérieure de la moelle était éminemment irritable et que la section

des faisceaux postérieurs empêchait le cerveau de percevoir l'ir-
ritation dirigée sur ces faisceaux.

La moelle se composerait donc de deux appareils dont l'un
(les faisceaux antérieurs) conduirait au cerveau le fluide vitré
formé pendant les fonctions respiratoires et digestives qui lui
serait transmis (à cet appareil) par le grand sympathique, tandis
que l'autre (les faisceaux postérieurs) servirait, au moyen de la
couche électrique périphérique et de celle environnant les nerfs,
non seulement à diriger au cerveau les impressions sensoriales,
mais aussi à transmettre l'acte des volontés aux muscles.

Je ne dirai ici que très peu de chose concernant les cinq sens,
c'est-à-dire du toucher, du goût, de l'odorat, de l'ouïe et de la
vue ; ces fonctions ont été trop bien traitées pour pouvoir y
ajouter. Seulement je pense qu'il faut pour qu'elles aient lieu,
que les phénomènes chimiques et physiques soient développés
dans les organes de ces fonctions. De sorte que le toucher ne
sera pas perçu si la circulation est nulle dans la partie, ou bien
si le fluide est intercepté par la section du nerf. Pour que la perception du goût ait lieu, il ne suffit pas que les papilles de la langue soient soumises au contact des corps sapides, il faut encore
que les principes élémentaires de ces corps soient divisés par les
dents et dissous par un liquide approprié (la salive), que par
leurs combinaisons la neutralisation électrique soit opérée et
qu'un courant électrique soit dirigé du cerveau aux organes du
goût. Ainsi les quadrupèdes qui ont la langue armée de papilles épi-
neuses ont le sens du goût plus obtus que les autres, les reptiles
doivent avoir les impressions du goût très peu sensibles, leur
langue étant très sèche. Nous voyons également que les organes
de l'odorat contiennent beaucoup de petites glandes qui fournissent un mucus qui les tient continuellement dans un état de
mollesse nécessaire pour y développer les phénomènes chimiques
et physiques et percevoir les odeurs. Quant à l'ouïe, c'est encore
le son qui, après avoir été rassemblé par l'oreille externe, vient
frapper le nerf auditif épanoui dans les canaux demi-circulaires
et dans le limaçon, baigné par la liqueur de Cotunni. Enfin pour
que l'acte de la vision s'opère, il faut que l'œil soit en contact
avec la lumière résultat de la neutralisation des deux électricités, que la rétine ne soit ni trop ni trop peu sensible, que la
pupille ne soit pas rétrécie ni immobile, que les humeurs soient
transparentes, que l'œil soit obscur, excepté son axe, que les
rayons se rendent tous sur la rétine, qui en reçoit les impressions
pour les transmettre au cerveau qui perçoit et juge.

Des différens état de la vie, santé, maladie et ensuite de la mort.

D'après ce qui précède, nous voyons que la vie est le résultat
du conflit des principes matériels qui constituent les solides et
les fluides du corps humain avec d'autres principes matériels,
tels que l'air atmosphérique qu'il respire, et les substances alimentaires introduites dans son tube digestif.

Que c'est à l'harmonie des phénomènes électro-chimiques développés, par cette attaque réciproque de *molécules à molécules*, qui se passent dans les trois fonctions que *nous avons appelées* respiration, assimilation et digestion, que l'état régulier d'action dans lequel se trouve le corps a été désigné sous le nom de santé. L'entretien de la vie n'étant dû qu'à l'ensemble des actes chimiques qui se passent dans l'organisme entier, l'animal n'est donc qu'une machine dont les fonctions sont soumises aux lois de l'électricité, dirigée chez l'homme surtout par une essence supérieure appelée àme, qui régit son intelligence comme Dieu gouverne l'univers.

L'état de maladie est déterminé par l'altération de ces trois fonctions, soit que cette altération soit causée par une lésion du système nerveux ou des systèmes artériel et veineux, ce qui, dans le premier cas, anéantirait la fonction ou le nerf préside, et dans le second empêcherait le sang de se rendre aux organes.

La respiration peut être troublée par un obstacle mécanique à l'introduction de l'air dans le poumon, ce qui dans ce cas amène l'asphyxie du sujet en empêchant l'hématose, et en suspendant le développement de l'électricité qui doit être conduite au réservoir commun. La respiration de gaz méphitiques produit le même effet.

La fonction d'assimilation sera altérée lorsque les phénomènes chimiques sont augmentés dans un organe quelconque, le sang artériel arrivant alors à la partie malade pour y fournir l'oxigène et alimenter l'exaltation des phénomènes. La respiration s'élève, et la circulation soumise à l'action assimilatrice et respiratoire devient de plus en plus rapide. La période de l'état inflammatoire durera, et sera plus intense en raison de la force du sujet et en raison de la fibrine contenue dans son sang. Lorsque le sang qui entretient l'inflammation est devenu séreux, les modifications chimiques dans la partie malade ne pouvant être aussi régulièrement entretenues, la respiration devient de plus en plus rapide, mais plus courte, afin que l'action répétée de cette fonction puisse compenser la quantié d'oxigène prise par le sang, lorsqu'elle est plus large et plus étendue. Si cet état se prolonge, les commotions électriques qui donnent l'impulsion à la circulation artérielle sont moins fortes et deviennent de plus en plus rapprochées, afin que le sang puisse arriver avec une plus grande activité à tous les organes, et surtout à la partie où les phénomènes sont exaltés; mais comme le fluide développé pendant la respiration n'est alors employé qu'à déterminer les modifications chimiques qui ont lieu dans l'organe altéré, toutes les autres fonctions du corps languissent et s'exécutent avec difficulté, étant à peine entretenues. Comme tous les principes qui se combinent avec l'oxigène sont fournis aux dépens du corps, celui-ci dépérit; et si cet état se prolonge, comme le sang n'est plus renouvelé par le chyle, ce liquide devenant de plus en plus séreux ne peut plus fournir à l'entretien général de l'assimilation de l'organisme. C'est en vain que la circulation devient de plus en plus active pour obtenir par la vitesse l'électricité qu'elle perd par l'entretien des phénomènes chimiques ; le réservoir commun étant mal chargé, et ne pouvant plus fournir assez de fluide à l'entretien de la vie, toutes les fonctions s'anéantissent.

S'il y a une grande quantité d'électricité perdue par le réservoir, soit que la peau soit le siége d'une altération générale, soit que le corps soit plongé dans une atmosphère considérable de chaleur ou de froid, ou bien dans une température humide, dans le premier cas, la respiration ne pouvant pas fournir assez d'électricité pour compenser les pertes, l'individu périra asphyxié ; dans le dernier, il traînera une existence maladive, éprouvant des pertes continuelles de fluide que la respiration ne peut arriver à compenser ; aussi, s'il est dans l'enfance, il se développera des tubercules dans les ganglions mésentériques ; il deviendra scrophuleux s'il est pubère, et phthisique s'il est adulte, les organes s'altérant d'après leur état d'exaltation en rapport avec les besoins du corps ; ou bien, soumis aux mêmes causes dans toutes les époques de la vie, il sera atteint de fièvres intermittentes.

L'introduction dans les voies digestives de substances acides ou narcotiques peuvent également altérer les fonctions et même déterminer la mort en enlevant au réservoir son fluide. Si la fonction alimentaire n'est pas entretenue, que le chyle soit mal élaboré, et que les principes du sang ne soient pas renouvelés, ce dernier, devenant de plus en plus séreux, ne peut alors s'emparer de la quantité d'oxigène nécessaire à l'entretien de l'assimilation ; le réservoir étant mal chargé, les fonctions de tout le corps ne peuvent plus être entretenues, et la vie s'éteint peu à peu en déterminant des scènes d'angoisses pendant lesquelles on remarque une aberration générale de l'intelligence.

D'après ce que je viens de dire sur la cause du trouble des fonctions, nous voyons que la mort n'a lieu que parce que le fluide électrique n'étant plus développé ni transmis au réservoir commun, ce dernier ne peut plus diriger le courant vers les organes pour y déterminer les phénomènes qui entretiennent la circulation, ce qui amène alors l'anéantissement de tout le mécanisme organique du corps qui rentre aussitôt sous l'empire des agens physiques de la nature entière, afin qu'une décomposition de ses principes élémentaires ait lieu pour former avec ces agens d'autres combinaisons et fournir une création nouvelle.

Résumé, ou points les plus importants de cet ouvrage.

Le cerveau et la moelle épinière sont le réservoir commun du fluide électrique.

Les poumons sont les seuls organes électro-moteurs ; la respiration sert aussi à enlever au corps des principes qui ont servi à entretenir ses fonctions, tels que le carbone qui forme avec l'air l'acide carbonique et la transpiration pulmonaire.

Les appareils digestifs et glanduleux ne font qu'emprunter au réservoir commun l'électricité pour entretenir leurs fonctions et la lui restituer ensuite.

Les glandes servent, par les liquides qu'elles sécrètent d'une part, à entretenir les fonctions, et, d'une autre, à débarrasser le corps de certains principes. La digestion fournit le chyle au sang, et la défécation et la déjection urinaire débarrassent aussi le corps des principes qui ont servi à la digestion et à l'entretien de l'assimilation.

Le grand sympathique et le cordon rachidien antérieur sont conducteurs afférens.

Les autres nerfs ainsi que le cordon postérieur sont conducteurs efférens.

Le fluide rencontré autour de la moelle, du cerveau et sous le tissu cellulaire général est de l'électricité vitrée ; il y a deux couches électriques : l'une maintenue autour du réservoir commun, l'autre soujacente au tissu cellulaire général. Les séreuses et le tissu cellulaire sont des isoloirs.

Les muscles étant électrisés résineusement, les mouvemens musculaires ne sont dus qu'à l'action chimique qui est exaltée dans les fibres motiles et à la résistance opposée par les deux couches électriques du réservoir et de la périphérie.

Le poumon est le seul organe central de la circulation.

La cause de progression du sang artériel n'a sa source que dans les phénomènes électro-chimiques du poumon.

Le mouvement de retour du sang veineux et de la lymphe ne s'exécute qu'en vertu des phénomènes électro chimiques qui ont lieu dans l'assimilation.

Le cœur n'est que le confluent des deux systèmes sanguins, et ne fait qu'opposer par sa contraction une résistance qui augmente la vitesse en sens contraire du sang artériel et du sang veineux ; mais il n'est pas la cause du mouvement de ce liquide.

La chaleur du corps n'est entretenue, dans les pays froids, que par la compacité de l'air et par une alimentation animale et fermentée ; tandis que dans les pays chauds, l'air est raréfié et l'alimentation est végétale.

La peau, étant en rapport avec l'atmosphère, entretient l'équilibre des fonctions en déchargeant le corps de son fluide, en le débarrassant du surplus de sa chaleur animale et en lui enlevant, pour rejetter au dehors, différens principes qui ont servi à l'assimilation.

'Les poisons n'agissent sur l'économie que de deux manières : les poisons irritans détruisent les tissus du tube alimentaire par l'oxigène qu'ils fournissent, oxigène qui en attaque les principes ce qui, par contre-coup, modifie les phénomènes chimiques du poumon, entraîne le trouble des fonctions assimilatrices, et anéantit enfin les fonctions de l'organisme, la couche électrique du réservoir commun n'étant plus entretenue.

Les poisons narcotiques, en s'emparant de l'oxigène du corps, dégagent de l'électricité résineuse qui en se neutralisant avec le fluide vitré de ce dernier en amène l'anéantissement total.

La santé est l'harmonie générale des fonctions respiratoires, digestives et assimilatrices.

La maladie est l'état d'exaltation ou d'anéantissement de ces trois fonctions.

La mort n'est que le résultat du manque de fluide au réservoir commun, soit que les fonctions pulmonaires ne puissent en fournir par leur anéantissement, soit que par l'exaltation des fonctions de l'assimilation il soit consommé plus de fluide que la respiration ne peut en produire , soit que le fluide du réservoir soit enlevé et neutralisé par l'introduction dans les voies digestives ou dans l'économie d'une substance qui , fournissant du fluide résineux , suspend le jeu de tout l'organisme.

CONCLUSION.

On voit que d'après la manière dont nous nous sommes rendu compte de la nature matérielle du corps de l'homme, de celle de l'air atmosphérique qu'il respire et de celle enfin des substances alimentaires, qu'il s'assimile, qu'en tenantcompte ensuite des idiosyncrasies, des variations atmosphériques et des altérations des alimens ; on voit , dis-je , que la seule route à suivre pour arriver à appliquer aux maladies humaines les moyens de les prévenir ou de les guérir, ne doit être indiquée que par la chimie et la physique.

Malgré que l'anatomie pathologique ait rendu de grands services en indiquant le siége du mal, elle n'a cependant fait faire qu'un pas bien minime à la médecine , puisque pendant des siècles on aurait beau s'occuper de recherches cadavériques, on ne pourrait qu'appercevoir, sans en connaître la cause, les traces des lésions et la science resterait toujours stationnaire. Je ne dis pas pour cela qu'il ne faille pas rechercher ni étudier les lésions cadavériques , à Dieu ne plaise , mais je dis que ces connaissances ne suffisent pas pour rechercher les causes du mal et fournir les moyens à y appliquer.

Je me propose de publier sous peu de temps ma nouvelle doctrine médicale dont j'ai déjà donné un aperçu. Je consacrerai un chapitre à chacune des maladies et particulièrement à une affection très commune dans certains pays , qui moissonne un grand nombre de victimes , je veux parler de la phthisie pulmonaire. En passant en revue toutes les causes de cette maladie, que la plupart des auteurs indiquent, nous voyons qu'elle est plus fréquente dans les grandes villes , dans les pays humides et surtout du nord , qu'elle est très rare dans les montagnes élevées; que souvent la personne affectée a reçu de ses parens ce funeste héritage; que beaucoup de femmes en sont attaquées après leurs couches; et qu'une leucorrhée abondante la provoque également.

Je déduirai donc d'après ce qui précède et je tâcherai d'indiquer rapidement que l'humidité de l'air , quelleque soit la température du climat , est une des principales causes de cette maladie. Le corps étant plongé dans un atmosphère humide perd beaucoup de fluide, la fonction de la peau, pour réparer cette perte, se trouve augmentée, l'assimilation de cette membrane est plus active que dans l'état normal afin de remplacer la quantité de fluide enlevé par l'humidité; la respiration s'élève aussi pour introduire dans l'économie le volume d'oxigène nécessaire aux phénomènes électro-chimiques développés ; cet oxigène est ensuite rejeté combiné avec des principes du corps par la transpiration sensible qui ne contient, comme l'analyse le démontre, que très peu de principes minéraux, tels qu'acétate de soude, chlorure de potassium et de sodium, phosphate de chaux et traces d'oxide de fer, et beaucoup d'eau, d'acide acétique et lactique, ce qui doit faire penser que ces principes se trouvent nécessairement en plus grande quantité dans le sang que chez les personnes qui sont dans un état de santé; une remarque très importante, c'est que les individus au début de la phthisie éprouvent un besoin de manger, en raison des pertes qu'ils font. Ils introduisent alors dans l'estomac des substances alimentaires qui contiennent des principes minéraux. Ces principes portés par le chyle à chaque tour de circulation veineuse dans le tissu pulmonaire sont disposés autour des cellules de ces organes, déterminent un obstacle à leur dilatation, qui par la suite les irrite, les enflamme et produit plus tard l'hémoptysie. Si l'individu n'est pas soustrait à l'influence des causes qui militent constamment contre lui, il finira par succomber plus ou moins promptement d'après la résistance qu'opposera sa constitution plus ou moins débile, ou d'après les différentes températures. Ainsi, nous voyons périr un très grand nombre de victimes à une saison qui même est devenue proverbiale : *à la chûte des feuilles* ; c'est qu'à cette époque il y a deux causes réunies qui concourent puissamment à entretenir cette maladie et à en hâter le terme fatal, le froid et l'humidité qui règnent pendant cette saison. Par la première cause, les malades perdent beaucoup de fluide ; dans la seconde, ils respirent beaucoup plus d'oxigène que pendant les autres parties de l'année. L'air étant raréfié sur les hautes montagnes, la fonction respiratoire est moins active puisqu'il y a peu d'oxigène de respiré; les parens dont la constitution est débilité et soumise à toutes les causes de la phthisie ne peuvent donner le jour qu'à des êtres faibles, qui eux-mêmes se trouvant exposés aux mêmes influences, ne pourront être soustraits à ce funeste héritage qu'à moins qu'ils ne changent de climats et qu'ils ne soient soumis à un régime alimentaire particulier. Une leucorrhée abondante ainsi qu'une suite de couche peuvent également disposer à cette maladie en produisant une faiblesse qui facilite sur le corps l'action des causes ci-dessus désignées.

Après avoir rapporté et indiqué les causes qui produisent cette affection, il nous sera facile de donner les moyens de les combattre et de soustraire autant qu'il sera possible l'individu à leur action funeste.

J'applique depuis plusieurs années sur la peau nue des malades une enveloppe générale de soie, ne leur laissant pour vêtement que leur chemise seule lorsqu'ils sont alités et leurs vêtemens habituels lorsqu'ils se lèvent. Les gilets de flanelle sur la peau doivent être expressément défendus, car ils ont l'inconvénient d'exalter l'assimilation à cet organe, de lui faire par conséquent éprouver des pertes. d'augmenter par cette raison la vitesse de la circulation, et enfin de déterminer l'activité des fonctions pulmonaires. La soie, au contraire, isolant le corps de l'atmosphère, a l'avantage de rétablir l'équilibre des fonctions de la membrane cutanée et de diminuer par conséquent la vitesse de retour du sang veineux aux poumons. Je propose aussi de placer les malades dans un endroit exposé aux rayons solaires de faire, lorsque l'air est compact et chargé d'oxigène, des fumigations de benjoin afin de le diviser et de diminuer l'activité respiratoire et circulatoire. Les tubercules pulmonaires étant formés de principes calcaires, de silice, de soude, de potasse, de fer, comme l'indique M. Lassaigne, je conseille, pour les rendre solubles, de saturer agréablement les boissons avec quelques gouttes d'acide muriatique, ce qui conviendrait mieux que le sel marin qui a l'inconvénient d'introduire de la soude dans l'economie. Je propose aussi de donner seulement pour alimens des substances pures telles que la fibrine, la gélatine, l'albumine, la fécule, dans lesquelles il n'y a pas de principes qui puissent alimenter les tubercules du poumon. Du reste, ce traitement doit être dirigé par un médecin habile qui administrera, lorsque l'état du malade l'indiquera : des mucilagineux, des adoucissans, des boissons toniques pour réparer les pertes du sang qui est toujours très séreux dans cette affection.

Comme la médecine jusqu'à présent n'a pu jamais obtenir de guérison de ces maladies, que le médecin a été toujours simple spectateur de l'agonie lente du malheureux qui lui demande des secours, malgré que l'on ait reconnu l'existence des diverses lésions du poumon, et qu'on les ait limité exactement avec le stéthoscope et le pleximètre, que l'anatomie pathologique a démontré par des cavernes cicatrisées que la phthisie était susceptible de guérison ; sept à huit cas seulement où j'ai pu appliquer cette méthode thérapeutique, cas dans lesquels j'ai constamment obtenu des succès, me font présumer que le traitement que je propose est le seul convenable puisqu'il a pour but d'isoler complètement le malade de l'humidité atmosphérique, de diminuer l'activité des fonctions pulmonaires, de rendre soluble la matière tuberculeuse, d'éviter par l'alimentation de fournir aux poumons les principes constituant les tubercules, enfin de soustraire entièrement le malade aux causes qui développent et entretiennent cette maladie terrible.

TABLE DES MATIÈRES.

Introduction. 3
De l'homme. . . . . , . . . 12
De l'organisation matérielle de l'homme. 16
De la nature chimique des parties solides et fluides qui constituent le corps de l'homme. . . . . *Id.*
De l'usage particulier des différens organes du corps et des différens fluides. 21
Expériences diverses à l'appui des faits avancés. 23
De l'air atmosphérique. 25
Des alimens et des boissons. 26
Classification organique de la machine humaine. . . . . *Id.*
De l'acte électro-chimique. 27
De la respiration. 28
De l'assimilation. 32
De la digestion. 34
Historique de la circulation. 39
Que la circulation n'est pas sous l'influence du cœur, organe presque entièrement passif dans cette fonction, mais qu'elle dépend uniquement de la respiration, de l'assimilation et de la digestion. 43
De la vitesse de la circulation. 45
Que la chaleur animale du corps, dans tous les climats, dépend entièrement de la compacité de l'air atmosphérique et de la nature des alimens. . . . . *id.*
Du mouvement. 47
Des sensations qui indiquent certains besoins réparateurs, tels que la faim, la soif et le sommeil. 48
De la sensibilité. 49
Des différens états de la vie, santé, maladie, et ensuite de la mort. 51
Résumé, ou points les plus importans de cet ouvrage. . . 53
Conclusion. 55

FIN DE LA TABLE.

ERRATA.

Page 4, ligne 9, au lieu de : *aurait été*, lisez : *ont été*.

Page 5, ligne 11, au lieu de : *loi est faussée*, lisez : *la loi est fausse*.

Pag. 27, lig. 42 , au lieu de : *tous les*, lisez : *de tout le*.

Pag. 28, lig. 33, au lieu de : mettez la virgule après le mot *l'hydrogène* et supprimez-la après le mot l'*oxigène*.

Pag. 37, ligne 20, au lieu de : *fluide vitré*, lisez : *fluide résineux*.

Pag. 40, ligne 1re, lisez : *Alexandrie*.

9 782019 670511